中等职业教育课程改革国家规划新教材
经全国中等职业教育教材审定委员会审定通过

U0726273

哲学与人生

（第五版）

◎ 主　编　王　霁
◎ 副主编　张　伟　陈　济
◎ 主　审　丰子义　赵甲明

Philosophy and Life

高等教育出版社·北京

内容简介

本书为中等职业教育课程改革国家规划新教材《哲学与人生》的第五版。本书根据党的十九大和十九届历次全会等有关会议及文件精神，结合中职教学和学生实际，在第四版教材基础上编写而成。本教材第四版曾获首届全国教材建设奖全国优秀教材二等奖。

全书由"坚持从客观实际出发，脚踏实地走好人生路""用辩证的观点看问题，树立积极的人生态度""坚持实践与认识的统一，提高人生发展的能力""顺应历史潮流，树立崇高的人生理想""在社会中发展自我，创造人生价值"五个单元共15课组成，在保留教材总体风格和结构框架的基础上，把党的十九大和十九届历次全会等有关会议及文件精神，全面落实到教材的相关章节内容中。全书结构清晰、内容充实、生动活泼，具有较强的针对性、时代性。

本书可供中等职业学校思想政治(德育)课程"哲学与人生"教学使用。为方便教学，本书配有教师参考书、学习指导用书以及相关网络资源。

图书在版编目（CIP）数据

哲学与人生 / 王霁主编. -- 5版. -- 北京：高等
教育出版社, 2020.8（2022.8 重印）
　ISBN 978-7-04-054187-8

　Ⅰ.①哲… Ⅱ.①王… Ⅲ.①人生哲学–中等专业学
校–教材 Ⅳ.①B821

中国版本图书馆CIP数据核字(2020)第104417号

Zhexue yu Rensheng

策划编辑	杨　鸣	责任编辑	杨　鸣	封面设计	姜　磊	版式设计	杜微言
责任校对	刁丽丽	责任印制	田　甜				

出版发行	高等教育出版社	网　　址	http://www.hep.edu.cn
社　　址	北京市西城区德外大街 4 号		http://www.hep.com.cn
邮政编码	100120	网上订购	http://www.hepmall.com.cn
印　　刷	北京市白帆印务有限公司		http://www.hepmall.com
开　　本	787mm×1092mm　1/16		http://www.hepmall.cn
印　　张	14.5	版　　次	2009 年 6 月第 1 版
字　　数	250 千字		2020 年 8 月第 5 版
购书热线	010-58581118	印　　次	2022 年 8 月第 14 次印刷
咨询电话	400-810-0598	定　　价	32.50 元

中等职业教育课程改革国家规划新教材
出 版 说 明

为贯彻《国务院关于大力发展职业教育的决定》（国发〔2005〕35号）精神，落实《教育部关于进一步深化中等职业教育教学改革的若干意见》（教职成〔2008〕8号）关于"加强中等职业教育教材建设，保证教学资源基本质量"的要求，确保新一轮中等职业教育教学改革顺利进行，全面提高教育教学质量，保证高质量教材进课堂，教育部对中等职业学校德育课、文化基础课等必修课程和部分大类专业基础课教材进行了统一规划并组织编写，从2009年秋季学期起，国家规划新教材将陆续提供给全国中等职业学校选用。

国家规划新教材是根据教育部最新发布的德育课程、文化基础课程和部分大类专业基础课程的教学大纲编写，并经全国中等职业教育教材审定委员会审定通过的。新教材紧紧围绕中等职业教育的培养目标，遵循职业教育教学规律，从满足经济社会发展对高素质劳动者和技能型人才的需要出发，在课程结构、教学内容、教学方法等方面进行了新的探索与改革创新，对于提高新时期中等职业学校学生的思想道德水平、科学文化素养和职业能力，促进中等职业教育深化教学改革，提高教育教学质量将起到积极的推动作用。

希望各地、各中等职业学校积极推广和选用国家规划新教材，并在使用过程中，注意总结经验，及时提出修改意见和建议，使之不断完善和提高。

教育部职业教育与成人教育司
2009 年 5 月

第五版前言

中等职业教育课程改革国家规划新教材《哲学与人生》自出版以来，历经多次修订，力求使教材与时俱进，不断提高、充实和完善。为了进一步推动习近平新时代中国特色社会主义思想进教材、进课堂、进学生头脑，认真贯彻落实党的十九大和十九届历次全会精神，贯彻教育部办公厅《关于加强和改进新时代中等职业学校德育工作的意见》，根据国家教材委员会的要求和教育部教材局的部署，我们在《哲学与人生》（第四版）基础上进行了修订。

本次修订在保持教材风格总体稳定的基础上，与党的理论创新和实践创新同步推进，把马克思主义中国化的最新成果，党和国家坚持和发展中国特色社会主义的新部署和新要求，特别是关于坚定中国特色社会主义道路自信、理论自信、制度自信、文化自信的有关内容，全面落实到教材的相关章节内容中。具体表现在以下几个方面：

1. 进一步突出对马克思主义哲学学理性、思想性和观点性的讲解和论述。本课程和教材的名称是"哲学与人生"，教学目的是通过学习马克思主义哲学的基础知识，帮助学生树立马克思主义的世界观、人生观和价值观。在此基础上，运用马克思主义的世界观、方法论正确思考和解决个人人生成长、发展中的问题。习近平在多种场合多次强调理论学习的重要性，指出要坚持政治性和学理性相统一，以透彻的学理分析回应学生，以彻底的思想理论说服学生，用真理的强大力量引导学生。在第四版基础上，本次修订进一步增加和强化了对马克思主义哲学的学理性、思想性和观点性的论述。任课教师可以采取多种形式，引导学生深入理解马克思主义哲学的科学性、真理性，提高学生学习马克思主义理论的兴趣，增强学生对马克思主义和中国特色社会主义的理论自信。

2. 进一步把习近平新时代中国特色社会主义思想贯穿教材修订全过程，把党的十九届四中全会精神贯彻到教材相关章节中。本次修订，一方面，注重把教材体系、教学体系有效转化为学生的知识体系、价值体系。比如，教材中的"名言"

栏目内容，更多地选取了习近平在该方面的论述语句，这样既帮助师生加深领会习近平的有关重要论述，又便于更好地指导师生把握和领会教学内容。另一方面，把党的十九届四中全会精神贯彻到教材的相关章节中。比如，结合教材的叙述体系，把我国国家制度和国家治理体系所具有的多方面的显著优势，坚持和完善中国特色社会主义制度、推进国家治理体系和治理能力现代化的总体目标等融入教材的具体内容当中。

3. 进一步坚定青年学生的文化自信和价值观自信，牢牢把握社会主义先进文化的前进方向，激发文化创造活力，更好构筑中国精神、中国价值、中国力量。本次修订，结合青年如何树立正确的人生价值观，增加了学习和弘扬中华优秀传统文化，继承革命文化，发展社会主义先进文化，增强文化自信和价值观自信的有关内容。

4. 进一步体现最新的理论成果、更换最新的事例素材，使教材内容与时俱进。比如，在唯物辩证法"联系的普遍性、客观性"部分，列举了全国一盘棋抗击新冠肺炎疫情的事例；在辩证唯物主义部分，列举了第七届全国道德模范的事例等。同时，我们选取了最新宣传的大国工匠事例，突出弘扬工匠精神、劳模精神，以更加贴近中职学生特点和教学实际，体现职业教育的类型特点。

我们希望通过本次教材修订，能更好地发挥"思想政治理论课是落实立德树人根本任务的关键课程"作用，为"不断增强思政课的思想性、理论性和亲和力、针对性"提供有益参考和帮助。由于编者水平有限，再加上时间仓促，本次修订肯定有不足和不当之处，敬请广大师生批评指正。如有反馈意见，请发邮件至zz_dzyj@pub.hep.cn。

编　者
2020 年 5 月

第四版前言

党的十九大以来，党和国家对职业教育包括学校思想政治课提出了新的要求。2019年3月18日，习近平主持召开学校思想政治理论课教师座谈会并发表重要讲话，强调思政课是落实立德树人根本任务的关键课程，强调思政课作用不可替代，要理直气壮开好思政课，用新时代中国特色社会主义思想铸魂育人。为了贯彻落实习近平重要讲话精神，本教材在继续执行教育部颁发的《哲学与人生教学大纲》、保持教材基本稳定的前提下，结合中职学校思想政治课教学新的实际，在第三版基础上又做了一次修订。具体有以下几个方面：

第一，进一步强化教材中马克思主义哲学的思想性与理论性的内容。马克思主义哲学是科学的世界观和方法论，开设"哲学与人生"课的基本目的是对中职学生进行马克思主义哲学基本观点的教育，帮助学生树立正确的世界观、人生观和价值观，落实立德树人根本任务。习近平在学校思想政治理论课教师座谈会上要求，要不断增强思政课的思想性、理论性和亲和力、针对性。要坚持政治性和学理性相统一，以透彻的学理分析回应学生，以彻底的思想理论说服学生，用真理的强大力量引导学生。为此，本次修订强化了在每一课中综合概述和分析马克思主义哲学原理的相关内容，旨在引导学生明确每一课要具体学习和掌握哪些马克思主义哲学的基本观点，通过学习，深刻理解和体会辩证唯物主义和历史唯物主义所具有的深刻的思想性和真理性，产生深刻的学习体验，从而树立正确的理想信念、学会正确的思维方法。

第二，进一步强化教材中新时代的实践性和引导性内容。习近平强调，要用新时代中国特色社会主义思想铸魂育人，引导学生增强中国特色社会主义道路自信、理论自信、制度自信、文化自信，厚植爱国主义情怀，把爱国情、强国志、报国行自觉融入坚持和发展中国特色社会主义、建设社会主义现代化强国、实现中华民族伟大复兴的奋斗之中。"哲学与人生"课要教育和引导学生在马克思主义哲学指引下走好人生路，实现人生发展。当代中国青年只有把自己人生发展的小路放到新时代中国特色社会主义发展的大路当中，才能找到适合自己人生发展的道路，人生的发展才有前途、才有出路。为此，教材加强了对习近平新时代中国特色社会主义思想有关理论的引用和讲述，加强了对新时代中国特色社会主义最新实践成果和理论观点的介绍，目的是引导青年学生自觉将个人理想融入国家发展伟业中，为担当民族复兴大任而努力学习，做有理想、有本领、有担当的时代新人。

第三，进一步强化教材中对学生人生成长有针对性、亲和力和启发性的内容。习近平强调，青少年阶段是人生的"拔节孕穗期"，最需要精心引导和栽培。这就是他常说的"扣好人生第一粒扣子"。思政课教学要坚持价值性和知识性相统一，寓价值观引导于知识传授之中。要坚持建设性和批判性相统一，传导主流意识形态，直面各种错误观点和思潮。为此，本次修订在继续坚持"贴近实际、贴近生活、贴近学生"原则的同时，针对中职生成长中可能出现的突出问题，强化以学生身边的、现实的案例作为"哲学与人生"课程教学抓手，拉近和学生的距离，触及学生心灵，提高思政课的亲和力和针对性，以此引导学生识别正确与错误，在学哲学中用哲学，在学习和运用中体验马克思主义哲学对人生发展的指导作用。

由于编者水平有限，再加上时间仓促，本次修订肯定有不足和不当之处，敬请广大师生批评指正。如有反馈意见，请发邮件至 zz_dzyj@pubhep.cn。

编 者
2019年5月

第三版前言

中等职业学校德育课是学校德育工作的主渠道，为切实推进党的十九大精神"进教材、进课堂、进头脑"，根据国家教材委员会的要求、教育部教材局的部署，我们在2013年出版的中等职业教育课程改革国家规划新教材《哲学与人生》（修订版）的基础上，进行了再次修订。

本次修订，在保持教材体系、风格总体稳定的基础上，深入贯彻党的十九大精神，以习近平新时代中国特色社会主义思想为指导，把党的十九大在哲学等方面的新思想、新观点、新要求，全面落实到教材的相关章节内容中。具体来说有以下三个方面：

第一，将党的十九大的新思想、新观点、新要求等融会贯彻进教材的相关章节当中，和教材内容紧密结合，使学生理解习近平新时代中国特色社会主义思想既是马克思主义中国化的最新成果，也是马克思主义哲学世界观和方法论实践运用的最新成果。"哲学与人生"课程是对学生进行马克思主义哲学基本观点和方法及如何做人的教育。党的十九大的新思想、新观点、新要求的提出，体现了马克思主义哲学的原理和方法论，修订时在教材各章的相关部分进行了引用、叙述和阐发，用有关哲学原理对党的十九大的新思想、新观点、新要求进行解读，帮助学生从哲学高度理解党的十九大精神。如在第一单元，用辩证唯物论实事求是、一切从实际出发的观点，理解新时代我国发展新的历史方位、基本国情和最大实际。在第二单元，用唯物辩证法普遍联系、发展、矛盾等基本观点，理解习近平新时代中国特色社会主义思想中关于新发展理念、我国社会的主要矛盾的论述是马克思主义中国化最新成果等问题。在第三单元，用实践和认识辩证关系的基本观点，理解习近平新时代中国特色社会主义思想是在国内外形势变化和我国各项事业发展实践中产生的新思想，这种正确认识对实践具有重要的指导作用，是全党全国人民为实现中华民族伟大复兴而奋斗的行动指南，必须长期坚持并不断发展。

第二，将党的十九大关于"两个一百年"奋斗目标和"培养担当民族复兴大任的时代新人"的有关论述融会贯彻到教材当中，使学生把自己的人生目标和中华民族的复兴伟业紧密结合，从中找到适合自己的人生道路，放飞青春梦想，书写人生华章。"哲学与人生"课程突出落实立德树人根本任务，把学习马克思主义哲学落实到如何做人、如何走好人生道路上。党的十九大不但提出夺取新时代中国特色社会主义伟大胜利、实现中华民族伟大复兴中国梦的伟大号召，而且强调中华民族伟大复兴的中国梦要通过一代代青年的接力奋斗变为现实。本次修订，在有关青年的人生道路、人生发展、人生理想、人生价值的章节中融入了党的十九大的相关论述和精神，让青年了解每一个人的人生发展只有和民族的、国家的发展紧密结合，才能有希望、有作为、有前途。如在第一单元，引述了习近平在党的十九大报告的结束语中对广大青少年寄予无限厚望、语重心长的一段话："青年兴则国家兴，青年强则国家强。青年一代有理想、有本领、有担当，国家就有前途，民族就有希望。中国梦是历史的、现实的，也是未来的；是我们这一代的，更是青年一代的。"在第二单元，引述了习近平关于党成立至今为了实现中华民族伟大复兴的历史使命，"无论是弱小还是强大，无论是顺境还是逆境，我们党都初心不改、矢志不渝"的论述，目的是用党和国家、民族的奋斗精神激励学生。在第五单元，增加了党的十九大报告关于要解决好世界观、人生观、价值观这个"总开关"问题的内容，让学生理解只有把自己融入新时代中国特色社会主义的建设当中，把自己的命运和民族的命运、祖国的命运紧密相连，才能使自己的人生价值得以实现。

第三，借助现代信息技术手段，增加表现形式，帮助学生学习理解党的十九大精神内容。在线开放课程的兴起，打破了传统教学内容的时间与空间限制，激发了学生学习兴趣，丰富了教师教学资源，焕发了课堂教学活力。本教材与职教MOOC建设委员会开发的德育在线开放课程链接，将教材原有的支持课堂教学功能拓展到支持线上线下混合式学习、移动学习，实现人人皆学、处处能学、时时可学，充分发挥德育课教学主渠道的作用，为落实党的十九大报告提出的"努力让每个孩子都能享有公平而有质量的教育"提供了有效的抓手。

编写组力求通过上述修订，帮助一线教师在德育课教学中深入理解、贯彻、落实党的十九大精神。党的十九大精神内容丰富、涉及面广，编写组水平有限，修订时间仓促，不当之处，敬请读者批评指正。如有反馈意见，请发邮件至zz_dzyj@pubhep.cn。

编　者

2017年12月

修订版前言

2013 年 3 月，教育部印发了《中等职业学校德育课贯彻党的十八大精神教学指导纲要》，就中等职业学校德育课程教学贯彻党的十八大精神提出指导性意见。本教材根据该指导纲要精神，结合中职教学和学生实际，在 2009 年出版的中等职业教育课程改革国家规划新教材《哲学与人生》的基础上修订而成。

本教材修订前，编写组就 2009 年出版的《哲学与人生》国家规划教材的使用情况进行了认真的调研，采取问卷调查、与教师学生座谈、随机抽查等方式，广泛征求教师和学生的意见。本教材的编写充分吸收了这些意见和建议。

本教材在保持教材风格总体稳定的基础上，力求贯彻党的十八大精神和《国家中长期教育和改革发展规划纲要（2010—2020年）》等文件精神，充分吸收2009年新一轮德育课程改革以来全国各地在"哲学与人生"课程教学中的新成果和新经验，立足于中等职业学校学生的生活经验，力求更加贴近中职教学实际。本教材依据《哲学与人生教学大纲》，依旧采用五个单元15课的结构框架，但从课堂教学实际需要出发，对每课的内容结构进行了调整，把原来每一课中的四个问题整合为两个问题，用2个学时完成教学任务，使教材结构更加紧凑合理，更加便于教师实际教学。本教材在教学内容和案例选取上进一步实现哲学与人生的有机结合，进一步体现职业教育"做中学、做中教"的特点，使教材更加贴近中职学生实际，更加突出立德树人的要求。

本教材主要编写人员全程参与了教育部2008年《哲学与人生教学大纲》的研究制定工作，在教材编写中，能够深入领会和全面掌握大纲精神，将大纲提出的教学内容、要求与当前教学改革的精神以及学生的实际结合起来。本教材主编王霁为中国人民大学教授、博士生导师、《哲学与人生教学大纲》制定负责人，副主编张伟为中国职教学会德育工作委员会常务理事、德育教学研究会副主任、山东师大政法学院硕士生导师、中学特级教师，副主编陈济为北京市商业学校教学督导、北京市德育与学生管理工作研究会秘书长、中国职教学会德育工作委员会理事；其他编写人员有：任庆祥、马春宇、王琦、王海霞、王颖、齐少宏、陈红、杜苓、杜汉生、杨辉、张蕾、张丽媛、胡卫芳、费杰、贾若、檀志云等。

由于编者的学术水平有限，编写时间仓促，对书中的不当之处，敬请读者批评指正，以便再版时修改。如有反馈意见，请发邮件至zz_dzyj@pub. hep. cn。

编　者
2013年6月

前　言

为贯彻落实党的十七大精神和《中共中央国务院关于进一步加强和改进未成年人思想道德建设的若干意见》《国务院关于大力发展职业教育的决定》，加强和改进中等职业学校德育课教学工作，进一步增强德育课教学的针对性、实效性和时代感，提高职业教育教学质量，2008年12月，教育部颁布了《关于中等职业学校德育课课程设置与教学安排的意见》，将"哲学与人生"列为中等职业学校德育必修课，与此同时，颁发了《哲学与人生教学大纲》。本教材根据《哲学与人生教学大纲》编写，是中等职业教育课程改革国家规划新教材。

人生发展需要哲学智慧的指导，人生内容充实着哲学。本教材的编写，坚持贴近实际、贴近生活、贴近学生的原则，结合中职学生身心特点和思维发展规律，以中国特色社会主义理论为指导，坚持社会主义教育方向，把帮助学生树立正确的世界观、人生观和价值观贯穿始终，把引导学生如何做人、走好人生路作为落脚点。

"哲学与人生"课程把哲学与人生结合起来，既是对哲学课程的重大创新，也是发挥哲学指导和解决人生问题作用的体现。在教材编写的内容结构框架上，本教材着力体现把握哲学基本观点与解决人生发展问题的统一：从教材五个单元主题的设定，到单元下15课内容的取舍；从每一章节具体内容的选取，到每一栏目的设置，都做到既让学生了解马克思主义哲学中与人生发展关系密切的基础知识，又引导学生进行正确的价值判断和行为选择，为人生的健康发展奠定思想基础。

本教材根据职业学校学生的思维特点，采用灵活多样的形式，以调动学生学习的积极性。通过案例教学和丰富的栏目设置（名言、相关链接、插图、体验与探究），引导学生自觉思考人生问题，初步掌握分析和解决人生问题的思想方法，从而提高其人生发展的能力。

为方便教学，本教材还配套开发了丰富的数字化资源，包括电子教案、演示文稿、flash动画和网络课程等。

本教材编写人员从始至终参加了教育部《哲学与人生教学大纲》的研究制定工作，并对职业学校德育课的现状与需求进行了多方面的调研，能够准确把握大纲精神，落实大纲的各项要求。本教材主编王霁为《哲学与人生教学大纲》制定负责人、中国人民大学教授、博士生导师。副主编张伟为中国职业技术教育学会德育工作委员会常务理事、德育教学研究会副主任、山东师范大学政法学院硕士生导师、中学特级教师；副主编陈济为北京市商业学校教学督导、北京市德育工作委员会秘书长、中国职教学会德育工作委员会理事。其他编写人员有郭彩凤、王庆刚、徐铸等。

本教材经全国中等职业教育教材审定委员会审定通过，审稿人为北京大学丰子义教授、清华大学赵甲明教授；在教材的编写过程中，高等教育出版社还聘请中国人民大学焦国成教授、南开大学王元明教授审阅了书稿。各位教授对本书编写提出了很多宝贵意见，在此表示衷心的感谢。

由于编者的水平有限，加之编写时间仓促，书中肯定还有不少不当之处，敬请读者批评指正。如有反馈意见，请发邮件至 zz_dzyj@pub. hep. cn。

编　者
2009年4月

目　录

写在前面

　　我们将要学习的这门课程，叫作"哲学与人生"。在课程学习开始前，我先和同学们做一次心灵的沟通。同学们可以说是朝气蓬勃，好像早晨八九点钟的太阳，或者用习近平的话讲，同学们正处于人生的"拔节孕穗期"。利用这个机会，我把学习马克思主义哲学的理解和我的人生感悟和同学们做一次分享，或许会对同学们的成长成才有些助益吧。

一、人生是一门大学问，做人是需要学习的

　　"人才有高下，知物由学。"梦想从学习开始，事业靠本领成就。广大青年要自觉加强学习，不断增强本领。

——习近平

　　我想和同学们讨论的第一个问题是，人生是不是一门学问，做人是否需要学习？

　　据说古希腊哲学家亚里士多德曾讲过，他一生有五大幸事，第一大幸事就是生而为人。确实，同样是生命，生而为人的我们和动物的一生相比，那真是天壤之别。

　　幸亏我们生而为人，因此我的勤劳，能谋生自立；我的诚信，能结交好友；我的热情，能换来帮助；我的多思，能更多地去领悟人生的境界。但是由此也产生了一个大问题，那就是什么是人？如何做人？人有思想，人在社会中生存和发展，与他人、与社会处在各种各样的关系中。社会中有好人、坏人；有成功之人，也有失败、平庸和落魄之人，我们每个人都希望做成功的人，做一个好人。但是，什么是好人？何谓成功？这本身都是需要研究和学习的问题。因此，做人是需要学习的。

　　做人不但需要学习，而且做人本身就是一门大学问。它至少包括"人生是什么""人生应当是什么""人生能够做什么"这样三个大问题。其实这样的问题

已经是哲学问题。因为，关于人生的学问，所涉及的并不是人生中的个别、零散的问题，而是关于如何做人、如何做一个好人等这样一些大问题和根本性的问题。古往今来，很多大哲学家都思考过这些问题，给我们留下了宝贵的思考结果和精神财富，这是我们每个成长中的个体需要好好学习的。尤其是中国哲学，特别重视人生哲学问题，把人生哲学放在十分重要的地位。哲学家张岱年先生曾经说过："人生论是中国哲学之中心部分……可以说中国哲学家所思所议，三分之二都是关于人生问题的。"张岱年先生说得非常对。拿大家都十分熟悉的孔子来说，他是中国古代伟大的思想家和教育家，他"弟子三千，贤人七十二"，学生可谓多矣！那孔子都教学生什么知识呢？读一读《论语》就会知道，孔子教学生的，主要是关于如何做人的知识和道理。因此，我们需要明白，不但我们在学校学习的各门专业知识是知识，是学问；人生知识也是知识，是学问，而且是更大的知识和学问。试想，如果不会做人，不知如何才能做一个好人，做一个在社会中独立并能对社会有所贡献的人，即使学习了某些专业知识和专业技能，又有何用呢？

有的同学可能会说，我又不想做什么伟大的人物或英雄人物，我只想做一个平平常常的普通人，还要费功夫来学习人生、学习做人吗？确实，现实中也有不学习人生学问而度过一生的人，就像至今也有一辈子不上学而度过一生的人一样（当然，这样的人如今已越来越少）。问题是，活着是一回事，但活得有意义，则是另一回事。我们不但要活着，而且要活得有意义。用今天很多年轻人的话来说，要活得精彩，也就是要活得有质量，有价值。这就不能不学习了。人生不能虚度，人生对于每个人都只有一次，每个人都要以这样或那样的方式走完自己的一生。人生很短暂，一年按365天算，100年也就3万多天，而能活100年的人只是少数。中职学生才十几岁（但也可以算一算，已经走过了多少天），怎样过好每一天，怎样让自己拥有快乐人生、成功人生，这可要好好学习了。

中国古人把"做人"叫作"树人"，是很有道理的。俗话说"十年树木，百年树人"。这里的"树"是动词，是"树立"的意思。人刚出生时是躺着的，慢慢地才由会爬、会坐到会站立。小孩子身体站立了，并不等于"人"已经"立"起来了。人要真正"立"起来，还需要"树"。再进一步说，就是要"立德树人"。党的十八大指出，要把立德树人作为教育的根本任务。这是非常正确和重要的。立德树人是我们中职德育的核心要求，我们的目标是培养有德有才、德能兼备的高素质劳动者和技术技能人才。我们中职学生，应当说还正处在"树人"，或者说"立德树人"的过程中，要很好地完成"立德树人"的任务，或者形象一点说，要把自己这个人真正"树立"起来，就需要努力、需要学习！

这句老话还有第二层意思，是把"树人"和"树木"相比较，说"树木"容易，"树人"难。如果"树木"需要"十年"，"树人"则需要"百年"。"百年"，时间长，言其难也！为什么"树人"这么难呢？因为，人是社会的动物，而树只是自然物。种树也要掌握一定的技术，而做人，涉及人与他人、人与社会、人与自身等多重复杂的关系，更非易事。但既然我们已经生而为人，就要勇敢地接受挑战，就要珍惜我们的人生，就要担当起做人的责任。何况，我们生活在现代社会，我们有这样好的生活和学习条件，我们的父母和老师精心地呵护着我们成长，我们每个人都有发挥自身潜能、成长成才、展示自己精彩人生的机会。我们没有理由不认真对待自己的人生，没有理由不好好学习。学习就包括既学习专业知识，也学习人生知识。现在，就让我们从"哲学与人生"这门课开始，领略人生学问的博大精深和对人生成长的意义，学习做人、学习成长吧！

二、 人生需要哲学智慧，每个人一生都需要至少一次的哲学沐浴

我想有志气的孩子总该往吃苦路上走。

天下事业无所谓大小，只要在自己责任内，尽自己力量做去，便是第一等人物。

——梁启超

我想和同学们探讨的第二个问题是，既然人生是一门大学问，只有通过学习并践行才能会做人；那么，为什么学习人生的学问必然和哲学结合在一起，为什么还必须学习哲学，为什么把这门课叫作"哲学与人生"呢？让我们先从一个小故事说起吧！

几个学生问哲学家苏格拉底："人生是什么？"

苏格拉底把他们带到一片苹果树林，要求大家从树林的这头走到那头，每人挑选一个自己认为最大最好的苹果。不许走回头路，不许重选。

在穿过苹果林的过程中，学生们认真细致地挑选自己认为最好的苹果。等大家来到苹果林的另一端，苏格拉底已经在那里等候他们了。他笑着问学生："你们挑到了自己最满意的果子吗？"大家你看看我，我看看你，都没有回答。

苏格拉底见状，又问："怎么啦，难道你们对自己的选择不满意？"

"老师，让我们再选择一次吧！"一个学生请求说，"我刚走进果林时，就

发现了一个很大很好的苹果，但我想前面肯定有更大更好的。当我走到果林尽头时，才发现第一次看到的那个就是最大最好的。"

另一个接着说："我和他恰好相反。我走进果林不久，就摘下一个我认为最大最好的果子，可是，后来我又发现了更好的。所以，我有点后悔。"

"老师，让我们再选择一次吧！"其他学生也不约而同地请求。

苏格拉底笑了笑，语重心长地说："孩子们，这就是人生——人生就是一次无法重来的选择。"

面对无法回头的人生，我们只能做三件事：郑重选择，争取不留下遗憾；如果有遗憾，就理智地面对它，然后争取改变；假若也不能改变，就勇敢地接受，不要后悔，继续朝前走。

"人生就是一次无法重来的选择"，这句简单的话充满了深刻的哲理，是对复杂的人生问题简单而又智慧的回答。哲学就是一种对待人生的态度，是一种人生的智慧。人生好比走路，哲学好比老人。一个人一生就是走一条路。往回看，自己走了一条什么路；往前看，将要走什么路。每一个人都在人生之路的一个点上，人生这条路，每个人都要勇敢地往前走，可前方是什么，你在往哪儿走，会有什么样的结果，并不是事先都能预料和知晓的。人生没有第二次，走错了就走错了，无法重来，只有接着向前走。要走好人生路就需要哲学这个老人，在我们遇到困难、感到迷茫的时候，为我们指点迷津。人不能只是莽撞地往前走，还需要思考、反省，即反思，也就是需要哲学。人生缺少哲学，将是盲目的。"反省"也叫"反思"，是哲学所特有的一种思考方式，哲学也可以说就是一种反思的智慧。

哲学是什么？古希腊人认为就是爱智慧。当时从事哲学的人，一般是有智慧的、聪明的、在理解力或某种技能方面超越于常人的人，他们被称为"智者"。这无形中在哲学和普通人之间构筑起一道难以跨越的屏障，使哲学成为一门玄虚高妙的学问，从而与大众越来越远。其实哲学并不神秘，也不高深莫测。它就在我们的生活当中，与我们的生活和生命密切相关。哲学家苏格拉底为区别于那些自称为智者的人，刻意在sophia（智慧）这个词的前面加上了philem（爱、追求）。这样，哲学就成了philosophia（爱智慧），就是说，学哲学就是爱智慧、追求智慧，从而掌握智慧。如此来看，哲学距离我们并不遥远，日常生活中的问题时时处处都蕴含着深刻的哲理。

"智慧"和一般的"知识"有所不同。智慧需要知识，但知识不一定是智慧。哲学是智慧，就是说它不同于某种具体的、实证的知识。哲学的功用在于它给人们一种思想的启迪，把知识升华为智慧。比如，"1+1=2"是关于数量方面的一种知识，有这样的知识还不能称得上有智慧。但哲学上讲的"一分为二"就不同了，它告诉我们"一"不但是"一"，而且每个"一"中都包含着"二"（既对立又统一的两个方面）。"一分为二"不是关于某一个具体问题的知识，但是它给了我们观察具体问题的方法。这就不仅是知识，而且是一种智慧了。知道2米比1米长是知识，要认识到万事万物高矮长短都是相对的，这就不仅是关于量的知识，而且是一种关于事物区别的绝对性与相对性辩证统一的哲学智慧了。哲学这种智慧所探索的就是关于世界、社会、人生的大道理，因此，哲学是世界观、人生观和价值观相统一的学说，是对世界、人生和价值等问题的根本观点和根本看法。

人们为什么不但需要具体的知识，而且还需要哲学这样的智慧呢？哲学是一门抽象思维的学问，哲学的基本特点就是它是一种抽象的思维。而且，对象越复杂，所要求的抽象性就越高。问题也正在这里，有人可能会问，我所面对的问题都是具体的，为什么要花那么大的力气搞那些"抽象"的东西呢？这就涉及人认识世界、解决问题的规律性问题。人认识世界、解决问题最终肯定都要回到或落到具体的问题上，但人的认识路线不可能是从具体到具体，而是要走一条曲线，走一个圆圈，先要把"具体"上升为"抽象"，然后再用"抽象"指导，回到"具体"。人如果陷在具体事物的圈子里，就是我们平常讲的，只会就事论事，虽然离具体事物很近，却反而看不清具体的事物。这可能也属于"不识庐山真面目，只缘身在此山中"吧！就像人们站在地面上反而看不全、看不清地球表面的东西，需要飞到一定的高度才能看清楚。人们掌握了哲学的抽象思维，就像跳出地球居高俯视一样，对各种具体事物的"庐山真面目"就不难揭晓了。哲学给我们一种方法，一种智慧，让我们"跳出来"想问题，这就是哲学思维的高明之处。

现在我们可以来总结，人生为什么需要哲学智慧了。这里可以用德国古典哲学家黑格尔的一句名言，叫作"熟知非真知"。我们对于每天大量接触的人和事，包括对于我们自己，对我们每天都在行进着的人生之路，可以说是再熟悉不过了，但熟悉并不等于真正认识。比如我们接触的客观对象都是物质，那么"物质"是什么？我们人人都有精神和意识，那么"意识"是什么？我们每天都在社会中生活，那么"社会"是什么？我们每个人都是人，但是"人"又是什么？等等。对这些问题并不是每个人都能说清楚的。哲学就是要对这些人人熟悉的事情，打破砂锅问到底，探索出个究竟，探索出个所以然来。懂得了这些世界、人生的大道理，我们才能站得高、看得远，再去认识和解决那些具体的问题，就不会感到力不从心了。我们在学校学习，无非就这么几年，这短短几年的宝贵时间，我们要学到什么？仅仅有专业知识和技能肯定是远远不够的。南开大学的创始人张伯苓先生讲过，南开大学的理念就是，要让学生在学校学几年管一辈子，学几年用一辈子；在学校学的这几年，要让他初步地解决好做一个什么人的问题，给他一个为人为学的基本方法，给他一个立场观点。从这个角度来说，哲学能管一辈子，其他东西都管不了一辈子。

可见，哲学对我们青年学生来说，绝不是可有可无的。我们每个人一生都需要至少一次哲学的沐浴。当我们学会用哲学的观点和方法思考人生、思考社会、思考世界这类大问题的时候，我们就真正进步了、真正成熟了。衷心希望，我们的"哲学与人生"课，对于中职生来讲，能成为一次终身受益的哲学沐浴。

三、学哲学、悟人生，用哲学智慧启迪成功人生

图难于其易，为大于其细。天下难事必作于易，天下大事必作于细。是以圣人终不为大，故能成其大。

——老子

既然哲学对人生这么重要，那又应当怎样学习呢？我们先听听李瑞环同志怎样讲的吧！曾经当过国家领导人的李瑞环同志，写过一本书，叫作《学哲学 用哲学》，书中有许多他关于哲学的发自肺腑的感言：

哲学是明白学、智慧学，学懂了哲学，脑子就灵，眼睛就亮，办法就多；不管什么时候、干什么工作都会给你方向、给你思路、给你办法。
……
我当了15年工人，搞过100多项技术革新，当时被称为革新的能手，几乎是干什么就革新什么。我搞了个木工计算法，为此还拍了个电影，60年代初，建筑业一度抹灰工短缺，领导上要我们木工队改行做抹灰工。在一年零八个月的抹灰工作中，我搞了一套机械抹灰法，据说，迄今仍有人使用。1965年我转为干部，从一个工厂的总支书记到今天，中间多次转换工作岗位，有时工作内容和性质变化很大，但都能很快适应、很快熟悉，并有所作为、有所创新。这都是哲学帮了我的忙。
……
哲学这门学问说来也神，你的工作越变化、越新，它显得越有用；你的地位越高、场面越大，它的作用越大；你碰到的问题越困难、越复杂，它的效力越神奇；面对的问题越关键，它发挥的作用越关键。

哲学为什么有这样神奇的效力呢？应该说主要有两个原因。一是哲学本身，二是学习者用什么方法学习哲学。从哲学本身来说，我们应该首先明白，不是所有的哲学都是明白学、智慧学。古往今来，哲学的流派很多，五花八门。哲学上既有唯物论，也有唯心论；既有辩证法，也有形而上学。马克思主义哲学坚持唯物论、反对唯心论，坚持辩证法、反对形而上学。我们所说的学习哲学，主要是学习唯物论和辩证法，同时也学习和吸收几千年来中外哲学家们各种有价值的哲学思想。这样才能使自己既有知识又有智慧，提升自身的素质。

学哲学不但要解决"学什么"的问题，还要解决"怎样学"的问题。学好哲学最主要的就是要学以致用，要理论联系实际。也就是李瑞环同志讲的"学哲学，用哲学"。我们应该把学哲学和学做人、学做事紧密结合起来，以哲学指导人生，以人生体验哲学，把学习哲学落实到做人做事的方法上。

本门课程叫作"哲学与人生"，有"学"和"用"两个方面的用意。从"学"来讲，不是空泛地学，而是有目的地学，是为了帮助同学们更好地立德树人而学。所以，重点学习哪些哲学内容是经过筛选的。哲学的内容很多，我们这门课主要学习马克思主义哲学中与人生发展关系密切的哲学基础知识。从"用"来讲，我们学习某一哲学观点之后，不是泛泛地联系实际，而是主要联系同学们人生的实际、做人做事的实际，用以提高同学们用马克思主义哲学的基本观点、方法分析和解决人生发展重要问题的能力，从而引导同学们进行正确的价值判断和行为选择，形成积极向上的人生态度，为人生的健康发展奠定思想基础。

具体来讲，"哲学与人生"课主要有以下几个特点：

第一，**以学习和掌握辩证唯物主义和历史唯物主义的基本观点为基础**。辩证唯物主义和历史唯物主义是马克思主义哲学的科学的世界观和方法论，是认识世界、改造世界的思想工具，也是指导青年人生道路的思想明灯。因此，本课程的首要目标是要让同学们初步掌握辩证唯物主义和历史唯物主义的基本原理，学习运用马克思主义基本立场、观点和方法，观察社会现象，对社会现实和人生问题进行正确的价值判断和行为选择。在这里我想向同学们强调，学生，学生，必须要"学"。我们要通过各种手段和方法激发学习兴趣，汲取哲学智慧，领悟人生道理。

第二，**以运用马克思主义哲学基本观点提高分析和解决人生问题的能力为目的**。这门课程的目的是通过学习哲学提高做人和做事的本领。我们的做法是以人生问题为导向，从马克思主义哲学基础知识引申出方法，又从哲学方法引申出人生知识，从而提高同学们分析问题、解决问题的能力。

第三，**用哲学引导人生，用人生体验哲学**。学好这门课的关键是哲学与人生的有机结合。我们的创新做法是通过五个单元把辩证唯物主义和历史唯物主义的五大基本问题与人生发展、人生成长的五大问题相结合。即"唯物论"（一切从实际出发等）——人生道路，"辩证法"（联系、发展和矛盾）——人生态度，"认识论"（实践观等）——人生能力，"社会历史观"（历史规律等）——人生理想，"社会与人"（利己和利他等）——人生价值。这五个单元下面的15课的教学，也是哲学方法与人生问题的一一对应与有机结合，需要同学们在学习中深入体验。应当指出的是，这门课程从初次设计、使用到现在已逾十年，这本教材在广大职业教育思政课教师的使用打磨过程中逐步完善，并得到了广大师生的欢迎和好评。这对我们是最大的鼓励和鞭策。

第四，**既注重哲学基础知识和人生哲学基础知识的完整性，又注重贴近学生，面向学生的人生实际问题**。简言之，本课程中的问题是人生的问题，内容是哲学的内容，二者是有机结合、密不可分的。具体来说就是五个单元的学习内容：坚持从客观实际出发，脚踏实地走好人生路；用辩证的观点看问题，树立积极的人生态度；坚持实践与认识的统一，提高人生发展的能力；顺应历史潮流，树立崇高的人生理想；在社会中发展自我，创造人生价值。

哲学有丰富的智慧，人生有深刻的哲理，这二者你中有我，我中有你，不可分离。我的体会是，不要只看现成的结论，最重要的是学到和掌握科学的方法，学会用辩证唯物主义的科学方法自觉地指导自己的人生行动，也就是要学以致用。学以致用是学习马克思主义哲学的最重要的原则。毛泽东同志说过："如果你能应用马克思列宁主义的观点，说明一个两个实际问题，那就要受到称赞，就算有了几分成绩。被你说明的东西越多，越普遍，越深刻，你的成绩就越大。"习近平在纪念五四运动100周年大会上的讲话中指出："新时代中国青年要练就过硬本领。青年是苦练本领、增长才干的黄金时期。'青春虚度无所成，白首衔悲亦何及。'"希望每一位青年学好哲学和专业技能，在中华民族发展的最好时期施展才华，建功立业，获得人生的成功。

本书主编 王霁

2019 年 5 月

第一单元 /

坚持从客观实际出发
脚踏实地走好人生路

天行健，君子以自强不息。
——《周易》

　　人生的路有千万条。我们每个人应该选择一条什么样的人生道路？我们又怎样才能走好自己的人生路？对于这些问题，不同的哲学流派作出了不同的回答。马克思主义哲学认为，人生不仅需要理想、激情，更要面对客观实际，脚踏实地，需要把积极的行动与尊重客观规律结合起来。只有坚持从客观实际出发，充分发挥自觉能动性，按照客观规律积极行动，自强不息，才能走好自己的人生路。

第 一 课 | 客观实际与人生选择

马克思主义哲学是科学的世界观和方法论，马克思主义哲学与以往哲学的根本区别在于它以实践为基本的和核心的观点。马克思主义哲学是辩证唯物主义和历史唯物主义的统一，世界物质统一性原理是辩证唯物主义的基本原理，是马克思主义哲学的基石。遵循物质统一性的原理，最重要的就是想问题、办事情都要坚持一切从实际出发，实事求是。

有一位年轻人从小就想当作家，一直坚持每天写作，并不断向各地的报社、杂志社投递自己的作品。就这样坚持了十年，终因缺乏生活经验和文学基础知识，没有发表过一篇文章。但由于他坚持不断地写作，字却越写越好。在杂志社编辑的建议下，这位想当作家的年轻人，放弃了当作家的想法，专心练起了钢笔字。由于有一定的基础，长进很快，最终他成了有名的硬笔书法家。

每个人都会在人生道路上面临职业选择的问题，从哲学上说，做好职业选择，就必须做到主观选择与客观实际相符合。不只是职业选择，人生发展的每一步都有如何作出选择的问题，而要作出正确的选择就必须从客观实际出发、实事求是。学习一切从实际出发、实事求是的辩证唯物主义原理，对我们正确选择适合自己发展的人生道路有十分重要的意义。

一、客观实际是人生选择的前提和基础

1. 人生选择不能只靠主观意志

王莉丽性格文静、身材高挑。在中考填报志愿时，父母希望她能上高中，将来报考大学。王莉丽从小就热衷于跳舞，学习成绩一般。和家长商量后，她决心报考艺术院校，继续自己的舞蹈梦想。遗憾的是，她在复试时未能通过，失去了做专业舞蹈演员的机会。由于她身材较高，最终被外事服务学校录取，学习空乘服务专业。王莉丽的舞蹈功底在空乘专业技能训练中派上了

用场，她的站姿、坐姿、服务礼仪等都非常标准、自然，受到老师和同学的好评。

⭐ 结合王莉丽进行人生选择的事例，说明人生选择不能只靠主观意志的道理。

人生路是自己选择的结果。人生选择是人们在人生历程中，在追求人生价值中，根据一定的主客观条件，在多种可能性中所做的选择和确定的活动。人生选择体现了人的主观意志和愿望，体现了人的价值追求。但是，人不是仅仅依靠自己的主观意志就能对人生道路作出正确选择的。

相关链接

选择是指在一系列不确定的对象中进行选取和确定。人生选择是人根据自己的一定的目的和理想，认识外部环境和时机，调整情感和欲望，主动地对未来发展作出的决断和选择。

人生选择具有自主性。人的选择虽然离不开一定的条件，但环境条件必须通过人才能起作用。无论环境条件发生什么变化，任何一种选择和决断最后都是由人作出的。所以，每个人能否正确认识和把握客观条件，决定了其能否作出正确的选择。在现实生活中，每个人并非想怎么选择就能怎么选择，想选择什么就能选择什么。仅凭主观意志的选择，其结果肯定是错误的。

不同的选择会产生不同的结果。能不能作出正确的人生选择，是影响人一生事业成功和生活幸福的重要因素。选择是否符合客观实际，直接影响到个人的人生发展。每个成功人士都是作出正确选择而走上成功之路的。青年人在人

为实现中华民族伟大复兴的中国梦而奋斗，是我们人生难得的际遇。每个青年都应该珍惜这个伟大时代，做新时代的奋斗者。
——习近平

生选择面前应力求做到科学、正确，才能走好人生每一步。

2. 想问题、办事情必须从客观实际出发

中职毕业生小赵当初的中考成绩并不差，大大超过了普通高中的录取分数线，全家人都非常高兴。但是，小赵却不想上普通高中。他认真地分析了自己的具体情况，认为根据兴趣和特点，自己更适合学习一门技术。掌握了技术，还可以创业。他想，这样的选择对自己的发展来说或许更为有利。最终，他选择上职业技术学校学习服装设计与制作。毕业后，他又义无反顾地回到家乡创办了自己的企业。经过几年的奋斗拼搏，不仅使自己在家乡立稳了脚跟，在竞争中赢得了市场，还为社会提供了12个就业岗位，带了8名学徒。他的努力获得了社会的承认，被县工商局评为"十星个体户"。

⭐ 结合上述事例，谈谈按照自己的客观实际选择人生路的重要性。

客观存在的事物是不以人的意志为转移的。只有主观认识和思想观念符合客观实际，我们的预期目的才能实现，我们的行动才有可能成功。一切从实际出发，就是要根据客观存在的事实，来决定我们的主观思想和行动，做到主观符合客观。

相关链接

主观和客观的关系问题，在哲学上就是思维和存在、意识和物质的关系问题。这个问题是全部哲学当中最基本的问题。承认物质决定意识，物质第一性、意识第二性的哲学是唯物主义哲学；相反，认为意识决定物质，意识第一性、物质第二性的哲学是唯心主义哲学。自哲学产生以来一直存在着唯物主义和唯心主义两个哲学基本派别之间的斗争。

马克思主义哲学讲的"物质"是指人的意识之外的客观实在，包括自然界和人类社会等一切物质的具体形态。世界统一于物质，物质是世界万物统一的基础，是世界万物共同的本质和本原，意识是从物质中发展出来的，是物质发展到高级阶段的产物。

人们在任何时候、任何条件下，从事任何工作，都要把客观实际作为想问题、办事情的出发点、立足点和依据。从客观实际出发，而不是从主观想象和主观愿望出发，这是辩证唯物主义的基本观点，也是做好任何事情，包括作出正确人生选择的前提和保证。

　　客观实际，就是指存在于我们意识之外的客观事物及其实际状况，即事物自身的属性和特点，以及事物之间的种种联系。这些都是不以人的主观意志为转移的。例如，用来生产农作物的土地本身的特点和属性，就是客观实际。一个地方的土壤，是适合种水稻，还是适合种玉米，或是适合种果树，是由土壤自身所具有的特点决定的，不是由人的主观意志所决定的。我们打算在这块土壤上种什么，要从这块土壤的实际情况出发，以这块土壤的特点为依据来做决定。不顾土壤的客观实际，想种什么就种什么，就是从主观意愿出发的做法，结果只能是事与愿违。无论是想问题，还是做事情，只有把客观实际作为依据，才能达到预期的目的。

一切从实际出发、实事求是是做好各项事情的基本要求、前提和依据。所谓"实事求是"，就是从客观存在的事实出发，经过调查研究，找出事物本身固有的而不是臆造的规律性，以此作为我们行动的依据。实事求是不仅反对把主观愿望作为出发点，反对以主观想象代替客观实际，更要求我们探求事物

　　学习掌握世界统一于物质、物质决定意识的原理，坚持从客观实际出发制定政策、推动工作。世界物质统一性原理是辩证唯物主义最基本、最核心的观点，是马克思主义哲学的基石。

——习近平

本身所具有的内在规律性，用符合客观规律的认识指导我们的行动。

相关链接

　　无论是国家的发展还是个人的发展，道路的选择都十分重要，道路关乎党的命运，关乎国家前途、民族命运、人民幸福。要作出正确道路的选择，就必须坚持从客观实际出发。

中国共产党一贯强调要正确认识不断发展的中国特色社会主义建设的实际，从实际出发决定党的各项方针和政策。党的十九大全面、深入地分析了改革开放尤其是党的十八大以来我国取得的全方位的、开创性的成就和深层次的、根本性的变革，指出经过长期努力，中国特色社会主义进入了新时代。这个新时代，是承前启后、继往开来、在新的历史条件下继续夺取中国特色社会主义伟大胜利的时代，是决胜全面建成小康社会、进而全面建设社会主义现代化强国的时代，是全国各族人民团结奋斗、不断创造美好生活、逐步实现全体人民共同富裕的时代，是全体中华儿女勠力同心、奋力实现中华民族伟大复兴中国梦的时代，是我国日益走近世界舞台中央、不断为人类作出更大贡献的时代。这是我国发展新的历史方位。

十九大报告同时指出，新时代的到来以及我国社会主要矛盾的变化，没有改变我们对我国社会主义所处历史阶段的判断，我国仍处于并将长期处于社会主义初级阶段的基本国情没有变，我国是世界最大发展中国家的国际地位没有变。

党的十九大关于中国特色社会主义新时代和我国基本国情等问题的科学判断，是从党和国家事业发展大局出发，从历史和现实、理论和实践、国内和国际的结合上思考得出的正确结论，也是我们党坚持辩证唯物主义和历史唯物主义的方法论，坚持一切从实际出发、实事求是思想路线的鲜明体现。

有一家人养着一头母牛，平时都是每天挤奶一次以供自用。一天，主人决定要宴请客人，便想每天挤奶积攒着，这样等到请客那天，就会有足够的牛奶。可是又一想，离请客还有一个月呢，如果奶挤下来放着，不都要变酸了吗？还不如在牛肚子里储藏着，到时候又多又新鲜，岂不更好！主意拿定了，他就不再每天挤奶，也不让小牛吃奶。请客的日子到了，宾客纷纷入座，主人兴冲冲跑去挤奶，结果一滴奶也挤不出来。

⭐ 结合上述寓言故事，说明想问题、办事情必须从实际出发、实事求是。

3. 根据客观实际选择人生道路

2019年，我国国内生产总值接近100万亿元人民币、人均迈上1万美元的台阶。我国的嫦娥四号在人类历史上第一次登陆月球背面，长征五号遥三运载火箭成功发射，雪龙2号首航南极，北斗导航全球组网进入冲刺期，5G商用加速推出，北京大兴国际机场"凤凰展翅"，有多项世界之最之称的港珠澳跨海大桥成功建成开通……

党的十九届四中全会指出，新中国成立七十年来，我们党领导人民创造了世所罕见的经济快速发展奇迹和社会长期稳定奇迹，中华民族迎来了从站起来、富起来到强起来的伟大飞跃。实践证明，中国特色社会主义制度和国家治理体系是以马克思主义为指导、植根中国大地、具有深厚中华文化根基、深得人民拥护的制度和治理体系，是具有强大生命力和巨大优越性的制度和治理体系，是能够持续推动拥有近十四亿人口大国进步和发展、确保拥有五千多年文明史的中华民族实现"两个一百年"奋斗目标进而实现伟大复兴的制度和治理体系。

⭐ 结合上述材料说明，新时代中国青年要作出正确的人生选择，走好人生路，必须与中国特色社会主义事业相契合。

要作出正确的人生选择，走好人生路，就要从自身面临的客观社会历史条件出发。每个人都只能在一定的社会历史条件下生活，都要受到客观的社会历史条件的制约。一个人要在事业上有所成就，必须适应社会历史条件。这就需要我们了解自己所处的社会实际，自觉服从社会和人民的需要，使我们的选择符合社会历史发展的趋势。

每个中国青年要实现自己的人生理想和梦想，就要树立坚定的中国特色社会主义道路自信、理论自信、制度自信、文化自信，要从实际出发正确选择自己的人生道路，这就首先必须认清中国特色社会主义道路的实际和中国特色社会主义制度的实际。只有从中国这一国情实际出发，让自己人生发展的"小道"和国家发展的"大道"并轨、结合，青年的人生道路才会越走越宽广。

马克思在其中学毕业论文《青年在选择职业时的考虑》中说："我们并不总是能够选择我们自认为适合的职业；我们在社会上的关系，还在我们有能力决定它们以前就已经在某种程度上开始确定了。"

要作出正确的人生选择，走好人生路，还要从个人的实际出发。这是我们作出人生选择和采取人生行动的依据。人生选择的实现要受到自己主客观条件的制约。要走好人生路，不仅要了解自己的体质、学业基础、家庭等客观情况的特点，还要考虑到自己的兴趣、性格和能力等特点。这样才能更好地找到自己前进的方向和目标，更好地发挥自己的长处。不了解自己的实际情况，就不能作出正确的判断和选择，就有可能走弯路。

慧雯是某职业学校旅游专业的学生。在全国中等职业学校"文明风采"活动中，参加了职业规划活动项目。慧雯从小爱看动画片，喜欢童话，特别是国外的文学作品。在职业理想的设计中，她计划以后当中学英语教师，给学生介绍国外的文学作品。学校指导老师肯定了她能从自己的爱好出发设计自己的职业理想，有针对性，但向她提出一些问题，供她参考：第一，我们是中专学历，而中学英语教师需要大学本科甚至研究生的学历；第二，英语教师需要较高的专业素养，需要长时间的积累，不是单凭爱好决定的；第三，英语教师要有较高的听说能力，不是泛泛阅读。慧雯听取老师的意见，对自己的职业理想做了重新设计：毕业后到旅游公司，考取导游证，在导游岗位上发挥英语好的特长。由于慧雯的职业规划立足于专业，符合实际，得到老师肯定，在活动中脱颖而出。

⭐ 结合自己实际，谈谈如何选择未来的工作岗位。

在人生过程中，每个人都会经历一个由童年到少年，到青年、中年，再到老年的发展过程。这是由人生发展的客观规律决定的。人生发展的不同阶段有其不同的特点，所面临的主要问题也会不同。因此，不同的人生阶段的选择，就要符合不同人生阶段的特点。

人生是在一定的时间和空间内的生命运动过程。人生现在的实际与过去和将来紧密联系、不可分割。过去活动的结果形成现在的实际，没有过去，就没有现在，不同的过去会对现在产生不同的影响；而现在的实际又孕育着将来，将来产生于现在。现在只有与过去和将来相联系才有意义，脱离过去和将来的现在，就会失去存在的根基。所以，要认识和把握自己的客观实际，就必须了解和把握自己的过去。既不能无视过去，否认现实，也不能只看过去，不看将来。只有正确认识自己的过去，才能正确把握住人生的起点和依据，才能认清自己在人生道路上的位置。

> 人的一生只有一次青春。现在，青春是用来奋斗的；将来，青春是用来回忆的。
>
> ——习近平

二、世界的多样统一为人生选择提供了多种可能性

1. 人生道路不是只有一种选择

王玲是某职业学校护理专业的学生，即将毕业。在实习前，王玲认真研究了以往本专业学生就业的情况，了解到毕业生大多是到省综合医院、专科医院、急救中心、康复中心、社区医疗服务中心等单位，从事临床护理、护理管理等方面工作。面对多种就业选择，王玲根据自己的实际情况，决定将来从事家庭或个人健康顾问的工作。为此，她不仅抓紧学习相关知识，而且先后到医院、急救中心、康复中心实习，全面掌握医护技能，为以后的工作打下了良好的基础。

⭐ 结合上述事例，谈谈如何认识人生道路面临多种选择。

现实物质世界发展的多样性和人生未来的不确定性，为人生道路选择提供了多种可能性。上大学是一种选择，不上大学也是一种选择；就业是一种选择，创业也是一种选择。有的人嗓子好，可以选择唱歌；有

的人身体协调性好，可以选择体育运动；有的人逻辑思维好，可以选择科学研究工作；等等。无论哪种选择，都有可能实现自己的人生理想，都有可能创造出自己的幸福生活。

> 每个人都会在上学、就业、恋爱、结婚等人生问题上面临选择，在每个问题的选择上都存在着多种不同的可能性。同一所学校同一个班级的学生，毕业后可能从事不同的职业，形成不同的人生。同样的，在一个人的不同发展阶段，由于条件的变化，也会有不同的选择。

在多种可能性面前，人生道路不止一条，这就要求我们必须作出选择。但是，并非所有的人生发展的可能性，都能转变为现实。这就要求我们必须根据客观实际，在多样可能性中，选择适合自己的人生路。

2. 物质世界的多样性和统一性

物质世界的结构层次是无限多样化的。现代科学把整个宇宙划分为三个基本层次：微观世界、宏观世界和宇观世界。微观世界由分子水平以下的各种微观物质组成，包括分子、原子、原子核、基本粒子等层次；宏观世界由从多分子化合物到包括太阳系在内的天体系统等宏观物质组成；宇观世界由宏观客体水平以上的宇观物质组成（目前人类的观测所及是200亿光年），其中包括星系、星系团、总星系等物质层次。物质世界的这三个基本层次各自又都包含若干层次，并且每一基本层次的物体又有着特定的运动规律。

⭐ 结合上述材料，说明物质世界的多样性和统一性。

世界上的事物是无限多样的，从身边的花鸟鱼虫、山川树木，到遥远的日月星辰、宇宙太空，从纷繁复杂的社会关系、历史文化现象，到进行思考的人自身，都是这个世界的组成部分。世界是多样性的统一。

物质世界的多样性为人生选择提供了多种可能性的客观基础。可能性指包含在事物中的、预示着事物发展前途的种种趋势，是潜在的尚未实现的东西。当某种事物或现象还没有成为现实之前，只是一种可能性。现实性是指一切实际存在的事物。现实之所以成为现实，首先是可能的，具有成为现实的因素和根据；现实又包含着新的可能，蕴藏着事物的未来发展方向。事物的发展都是通过可能性转化为现实性来实现的，可能性向现实性不断转化的过程就是事物无限发展的过程。

> 青年学生是祖国的未来。学生自身包含着无数发展的可能性。对学生而言，要立足于现实性，着眼于可能性。现实性是基础，否则未来的可能性就是无源之水、无本之木。要从现实中寻找和发现未来发展的可能性。在寻找和发现之中，要找到自身发展的最大可能和最好可能，为这种可能性的实现而付出努力。可能性就潜伏在现实性中，要把可能性逐步转化成现实性。一个具有强烈问题意识、好奇心和丰富想象力的学生，往往会为以后的发明创造打下基础。

任何事物的可能性都需要具备一定的根据和条件，才能转化为现实。依照所具备的根据和条件的不同，可能性存在着现实可能性与抽象可能性的区别。现实的可能性是指具备了充分的根据和必要的条件，目前就可以实现的可能性。抽象的可能性是指虽有一定根据，但根据还不充分，尚不具备必要条件，当前无法实现的可能性。我国全面建成小康社会是具备现实可能性的，因为经过几十年的努力，全面建成小康社会已经具备了条件和基础。而你想买一张彩票中500万，虽有抽象的可能性，但成为现实的概率很小。

> 世界三大男高音之一的帕瓦罗蒂年轻时就读一所师范院校，成绩优异，他很想从事教师这个职业，但他同时又痴迷音乐，想成为一名歌唱家。他拿不定主意，到底是做教师还是做歌唱家。于是，他去问父亲。父亲说："你如果想坐两把椅子，可能会从椅子中间掉下去，生活要求你只能选择一把椅子。"

每一事物发展中的多种可能性，在一定条件下，只有一种可能性会转变为现实。这种可能性转变为现实之后，在一定时期内，其他的可能性都难以转变为现实。人生也是一样。每个人的将来都是未知的，存在着多种可能性和不确定因素，当我们选择了其中一种可能，其他的可能性就被排除了。这就需要我们根据人生的客观实际，对各种可能性作出正确的分析和判断，从而作出正确的取舍，拥有无悔人生。

3. 人生总有一条道路适合你

小毛是某职业学校物流专业的学生。他的家在外地，父母开着一家床上用品商店。初中毕业时，由于妹妹年纪小，小毛没有上高中，而是在家里帮助父母料理了两年生意。在妹妹稍大一些时，小毛来到某大城市一所职业学校学习。经过学习，小毛了解了物流在商品流通中的作用，特别是了解到这个城市正在修建第二机场，物流会有比较大的发展前景。在寒暑假时，小毛没有像其他同学一样在超市打工，而是选择了一家物流公司，跟车进行省际货物运输。虽然比较辛苦，但小毛越来越熟悉物流这个行业，并喜欢上了这个行业。临近毕业时，小毛的家人希望他回来帮助料理生意，将来继承这份家业。小毛却想，物流行业虽然已经兴起一段时间，但是市场还有许多空白点，正是年轻人创业的大好时机，如果做得好，会有很好的发展。小毛和家人商量，家业留给妹妹，而自己靠家里资助，加上银行贷款，创办物流公司。经过审时度势，小毛的父母同意了他的想法。几年后，小毛和他的几名同学创办的物流公司红红火火地发展起来了。

⭐ 面对继承家业和自己创业的选择，小毛做了怎样的取舍？这对我们的人生选择有什么启示？

青年面临的选择很多，关键是要以正确的世界观、人生观、价值观来指导自己的选择。

——习近平

在现实生活中，我们要根据客观实际，在人生发展的多种可能性中选择适合自己的人生道路。人生道路的选择与取舍，关系到一个人的命运前途。我们要学会从客观条件出发，对可能性向现实性的转化进行详细的分析，积极创造条件，使人生发展当中的最好的可能性转化为人生发展的现实。

李林军是职业学校的优秀学生，毕业后在一家国有企业工作，很快成为业务骨干。正当他准备大显身手时，企业倒闭了，他下岗失业了。之后他摆过摊，做过服装生意和水果生意，结果都未能如愿。在做了一番分析后，李林军决定到深圳学习美容美发，然后回来在社区开一家理发店。经过半年的学习和筹备，他的小小理发店在社区开张了。李林军早来晚走，每天十几个小时都待在理发店里。在一次理发时，他发现一名顾客情绪低落。经了解发现，原来这位顾客没有工作，李林军毅然把这名顾客招进店里，解决了她的工作问题。在平时和节假日，李林军还上门为老人和残疾人提供服务，按时为他们理发。李林军热心周到的服务受到顾客赞扬，有些顾客专门坐好几站地的车来找李林军理发。

⭐ 李林军的人生选择对我们有哪些启示？

在对人生发展可能性的选择中，我们还要从自身实际出发，作出力所能及的选择。人各有所长，要根据自己的能力去进行选择。有些选择，看上去很好，但是，受到自身能力的限制，这种选择并不一定就能实现。只有选择了适合自己的人生道路，才能充分发挥自己的优势，创造精彩人生。

> 孔子年轻的时候就以建立以"仁"治国的完美社会为志。但是，周游列国之后，他的政治抱负没有实现，他却成了一个很好的老师。孔子的弟子遍及天下，他也最终成为我国伟大的思想家、教育家。
>
> 我国著名数学家陈景润从小喜爱数学，在大学期间选择了数学专业。大学毕业后，他曾经在中学任数学教师。但因口齿不清，学校不让他上讲台授课，只可批改作业。之后陈景润又调回厦门大学任资料员。这期间他对数论中一系列问题的出色研究，受到华罗庚的重视，他被调到中国科学院数学研究所工作。这之后，陈景润以惊人的毅力，在数学领域艰苦卓绝地跋涉，攻克世界著名数学难题"哥德巴赫猜想"中的"1+2"。1965年，陈景润已经证明了"1+2"。1973年，他在《中国科学》发表了"1+2"的详细证明并改进了1966年宣布的数值结果，立即在国际数学界引起了轰动，被公认为是对"哥德巴赫猜想"研究的重大贡献，是筛法理论的光辉顶点。他的成果被国际数学界称为"陈氏定理"。

现在十几岁的年轻人，在未来30多年中，正是为中华民族伟大复兴大展才华的中流砥柱。中华民族上百年奋斗的理想将要在当代中国青年的接力奋斗中变为现实，这也意味着新时代给每一个中国青年提供了人生发展的广阔舞台，为青年的人生发展提供了多种可能性。每一个当代中国青年，要把自己的人生目标和中华民族的复兴伟业紧密结合，既志存高远，又脚踏实地、从实际出发，就一定能找到适合自己的人生道路，放飞青春梦想，书写人生华章。

青年兴则国家兴，青年强则国家强。青年一代有理想、有本领、有担当，国家就有前途，民族就有希望。

——习近平

感悟 与 体验

1. 在一个小镇的集市上，一位卖枣的老翁高声吆喝："买枣啦，买枣啦，大枣小核，小枣没核！"这吆喝还真灵，一会儿他的枣就卖完了。旁边一位卖核桃的小伙子见此情景，也学着老翁大声吆喝起来："买核桃啦，买核桃啦，大核桃小仁儿，小核桃没仁儿！"可结果呢……

⭐ 结合上述事例，说明在人生发展中坚持一切从实际出发的重要性。

2. 同学甲经常上课迟到，有时还旷课。他不但不接受老师和同学的批评，反而振振有词地反驳道：人生选择既然是自由的，那么，我愿意来上课就来，不愿意来上课就不来。我愿意什么时候来，就可以什么时候来。否则，那就不是我自己了。要求我按时来上课就是限制了我的选择自由。

同学乙对同学甲提出了不同意见。他认为，人的选择具有自主性、自觉性，表现了人的主观意志。但是，人的主观意志不是决定性的，是对客观实际的反映，因此，人的任何选择都不可能是任意的，不是想怎么选择就可以怎么选择。

同学丙则认为，任何人的存在和发展都离不开一定的社会关系。一个人的选择如果无视这种客观的社会关系，随意破坏社会规则，那么，这种选择对于个人的生存和发展不会有任何益处，只会阻碍个人的进步和发展。

⭐ 结合人生选择的基本知识，对上述三位同学的观点进行分析。

3. 职业选择是人生的重要选择。以小组为单位，分享各自对将来职业选择的设想。结合各自生活中的经历，讨论分析如何面对客观实际情况进行正确职业选择。

第二课 | 物质运动与人生行动

辩证唯物主义认为，世界统一于物质，物质和运动是不可分的，物质运动是有规律的，规律是客观的，可以被人认识和利用。人生行动是物质运动的高级形式，人生行动要以把握客观规律为前提，敢于行动、善于行动。

中职毕业生冯思勇，曾在全国中职学校技能大赛中获得车身涂装三等奖。毕业后他不等不靠，勇敢地选择了自主创业，成立了一家汽车维修中心。创业之初，由于没有知名度，也没有长期固定的客户，经营遇到了困难。他并不气馁，而是依靠娴熟的技术、优质的服务以及良好的信誉，带领员工逐步在本地区的汽车修理市场中树立了良好的声誉。创业打拼的经历使他深刻体会到：人生只有拼出来的精彩，没有等出来的辉煌。

每个人只有敢于行动，才能生存和发展，只有付诸行动，梦想才能实现。每个人只有遵循规律善于行动，才能有好的行动效果，创造出成功的人生，脚踏实地走好人生路。

一、积极行动实现人生发展

1. 人生发展不能光说不动

"今日事，今日毕"告诉我们不要拖延时间，不要找借口。很多知名企业都把"今日事，今日毕"放在自己的企业文化理念里。海尔集团张瑞敏发明了一套管理方法叫"OEC"，即"日事日毕，日清日高"——每天的工作每天完成，每天工作要清理并且每天的工作质量都要有所提高。

⭐ 从做事情不能拖延时间、不能找借口体现的人生道理，说明人生发展不能光说不动。

在生活中，每个人都有自己的目的和理想。如何才能把自己的目的和理想转化为现实呢？不同的人有不同的选择。但是，无论作出什么样的选择，都需要我们为此付出努力，付出实际的行动。如果光说不做，只是停留在想象中，只是说大话，而不付出实际的行动，那么，任何目的和理想都不可能转化为现实。

　　　历史上有许多空谈误国的事例。战国时期，很会打仗的赵国大将赵奢有一个儿子叫赵括，从小熟读兵书，张口喜谈军事，别人往往说不过他，他自以为天下无敌。然而赵奢却很替他担忧，认为他不过是纸上谈兵，并且说："将来赵国如果用赵括为将，他一定会使赵军遭受失败。"果然，公元前260年，秦军又来犯，赵王上当受骗，派赵括替代了廉颇。赵括自认为很会打仗，到长平后完全改变了廉颇的作战方案，以致40万赵军全军覆没，赵国从此一蹶不振，终致灭亡。

　　人生目的和理想都需要通过自己的行动才能实现。每一个人的人生都是由一连串的行动构成的。行动是人运用自己的体力和智力实现目的和理想的过程，是使用现实的物质力量改变对象的过程，也是人的内在精神、道德力量的展现过程。

2. 运动是物质的存在方式

　　在大约25亿年前至6亿年前，现在的北京地区是一片汪洋大海。后来，剧烈的地壳运动和火山喷发使燕山和太行山逐渐隆起，北京地区形成了西北高、东南低的地貌格局。在漫长的岁月里，永定河携带着大量泥沙奔流而下，泥沙填平了太行山与燕山之间的古海湾，形成了如今的"北京小平原"。

　　⭐ 结合事例说明物质和运动的关系。

　　世界上的一切事物都是运动的。任何物质都在运动之中，从宏观世界到微观世界，从无机界到生命有机界直到人类社会，都处于永不停止的运动变化之中。任何事物都只能在运动

千难万难，只要重视就不难；
大路小路，只有行动才有出路。

——习近平

中存在和发展，都处于不断的运动变化之中。不运动的物质是根本不存在的。

相关链接

哲学上所讲的运动，是指宇宙间一切事物、现象的变化和过程。世界上所有的事物都有自己的运动形式，不同的物质有不同的运动形式。不同的运动形式既相互区别，又相互联系，并依据一定的条件相互转化。恩格斯依据19世纪时科学发展的水平，按照从低级到高级、从简单到复杂的顺序，把物质运动归结为机械的、物理的、化学的、生物的和社会的五种基本运动形式。低级运动形式是高级运动形式的基础，高级运动形式又包含着低级运动形式。

运动是物质的运动，凡是运动都有物质作为它实在的基础和承担者。总之，物质和运动是不可分的。一方面，运动是物质的根本属性和存在方式，没有不运动的物质；另一方面，物质是运动的承担者，没有脱离物质的运动。

有些事物的运动是明显的，人们可以直接感觉到，如奔驰的汽车、流动的河水、划破夜空的流星等。有些事物的变化是缓慢的，人们不容易觉察到，如俗话说的"稳如泰山"，但科学研究表明，泰山在100万年间升高了几百米；世界第一高峰珠穆朗玛峰在50万年间升高了1 600米。还有些物体虽然运动速度快，但距离我们遥远，或者是物质本身太小，其运动我们也不容易感觉到。恒星看起来是不动的，其实不然，如织女星和牛郎星，就分别以每秒14千米和26千米的速度飞奔。微观世界的原子、分子等基本粒子同样在不停地运动，许多粒子从出生到"衰变"，只有几百亿甚至几万亿分之一秒，运动速度非常之快。

马克思主义哲学认为：物质世界是绝对运动与相对静止的统一。世界上的事物都处在运动变化中，没有不运动的物质，因而运动是普遍的、永恒的和无条件的，是绝对的。物质运动也有某种静止的状态和稳定的形式，但这种静止和稳定总是暂时的、有条件的，因而是相对的。

物质在运动中存在和发展，人也一样在运动中存在和发展。作为物质发展的最高产物，人生有着不同于其他事物的运动形式。人生是在一定的社会关系中有意识、有目的地改变世界的过程。我们把人的这种自觉的有目的的运动过程，叫作人的行动。

人的存在和发展离不开人生行动，不存在不行动的人生。

相关链接

人生的存在离不开行动。人类最初的行动——劳动使猿变成了人，劳动创造了人本身。劳动是人类生活的第一个基本条件。伏尔泰曾经说过："人生来就是为行动的，就像火光总想上腾，石头总往下落。"离开行动，人生就无法存在了。

人生的发展离不开行动。人只有通过人生行动，才能有衣食住行需要的生存资料，也才能够在此基础上不断发展。同时，人的认识和各种能力的提高也都是在行动中实现的。

人生行动是人实现人生价值的需要。只有通过人生行动，才能实现人生理想和人生价值。

作为现实的物质运动的特殊形式，人生行动是以人的生命运动的时间为尺度的，即人生行动既需要社会的条件，又需要有生命运动的基础。我们应该珍惜自己的生命，珍惜人生的有限时间，积极行动，立即行动。

3. 人生贵在立即行动

明 日 歌

[明]钱福

明日复明日，明日何其多。

我生待明日，万事成蹉跎。

世人若被明日累，春去秋来老将至。

朝看水东流，暮看日西坠。

百年明日能几何？请君听我明日歌。

⭐ 诵读《明日歌》，结合事例，说明人生贵在立即行动。

立即行动，是对自己生命的珍惜。人生是短暂的，要在有限的时间里，实现自己的人生理想，就必须立即行动，因为人生行动是在生命运动的时间和空间范围内进行的。不能把自己的目标和理想停留在口号上。

立即行动，就要积极进取，敢于行动。一个没有勇敢精神的人，必将一事无成。只有积极进取，敢于行动，人生才能发展，人生之路才能不断延伸。有行动，就会有失败，就会有挫折。失败和挫折是每个人成长的必经之路。害怕失败、挫折而放弃行动，实际上就是放弃了自己的人生，只能是一事无成。

> 成功者必是立即行动者。对于他们来讲，时间就是生命，时间就是效率，只有立即行动才能挤出比别人更多的时间，比别人提前抓住机遇。不要给自己留退路，说什么"以后还有机会""时间还比较充裕"。立即行动，使人保持较高的热情和斗志，能够提高办事的效率；拖延只会消耗人的热情和斗志。

立即行动，就要运用规律，善于行动。要善于学会在行动中发现事物运动的规律，掌握行动的方法，使行动获得成功。

二、把握客观规律善于行动

1. 敢于行动不等于成功行动

有一段时期，某地由于苹果的需求量大，兴起了苹果种植热，使得数量有限的苹果苗的价格不断上升，株价一度高达4元。某村一些农户，仅育苗一项收入，少的也有三四万元，有的高达10万~20万元。在高额收入的诱惑下，众多果农不惜投入巨资大种特种苹果苗。结果数年后，苹果供应量大增，造成苹果苗价格急转直下，数以亿计的优质红富士等苹果树苗，降至每株几分钱也无人问津，相当一部分果树苗只好晒干当干柴烧。这给那些盲目投资苹果苗种植的果农造成了严重的损失。

⭐ 结合上述事例，说明敢于行动不等于成功行动的道理。

敢于行动不等于成功行动。行动成功要有明确的行动目的，有恰当的行动方法和行动条件。无视行动的这些条件，单凭勇气和胆量不能取得真正的成功。敢于行动并非一味地冒险蛮干。盲目的行动，无视客观实际和客观规律、仅凭主观意志的行动，不仅无法实现人生的目的和愿望，而且还会阻碍人生发展。

> 生活从不眷顾因循守旧、满足现状者，从不等待不思进取、坐享其成者，而是将更多机遇留给善于和勇于创新的人们。
>
> ——习近平

2. 物质运动是有规律的

20世纪初，在美国西部落基山脉的凯巴伯森林里生活着大约4 000只鹿。鹿的天敌是狼，它们总在寻找机会对鹿下手。为了保护鹿，周围的居民开展了打狼运动。最终，森林里的狼被斩尽杀绝，凯巴伯森林从此成了鹿的王国，很快，鹿的总数就超过了十万只。但是好景不长，由于牧草有限，加上鹿体质下降，疾病蔓延，一大批鹿冻饿而死，鹿的数量大减。到1942年，凯巴伯森林只剩下了大约8 000只病鹿。

人们没有想到，狼居然是森林和鹿的"功臣"。它起着择优汰劣、限制鹿群数量、防止"鹿口爆炸"、驱赶鹿群奔跑跳跃从而保持生机的作用。没办法，人们实施了"引狼入室"计划，森林中又焕发了勃勃生机。

⭐ 结合上述事例，说明物质运动是有规律的。

事物的运动都是有规律的。规律是客观的，是不以人的意志为转移的，它既不能被创造，也不能被消灭。规律是事物运动过程中固有的、本质的、必然的、稳定的联系。

一只蝴蝶在茧子中苦苦挣扎，想要冲破茧子，出来飞翔，可是它努力了一次又一次还是没有成功。这时，有人找来一把剪刀，轻轻剪开了茧子，蝴蝶轻而易举地就出来了。可是它的翅膀却可怜地耷拉在肥胖的身体两侧，怎么也飞不起来。很快，这只蝴蝶就失去了生命。

原来，破茧而出的痛苦是蛹变成蝴蝶必须经历的过程。在一次又一次的破茧努力中，它身体的体液会挤压到翅膀中，帮助它成为一只真正能飞翔的蝴蝶。破茧是幼虫成蝶的必经阶段，这是其自身的运动规律。

相关链接

规律与规则是两个不同的概念。规则是根据人们需要制定的、大家共同遵守的制度或章程，是主观的，人们可以制定、废除或修改它；规律是客观的，人们不能创造、消灭或改造它。一个正确的规则总是依据客观规律制定的，是对客观规律的反映。

人生行动的基本要素有：行动的主体、行动的对象和行动的手段。人生行动的主体是人自身。人生行动的对象是自然界和人类社会及人自身。人生行动的手段是人自身的智力和体力。自然界、人类社会及人自身在其运动变化和发展的过程中，都遵循着固有的规律。

不同的行动对于人的体力和智力的要求也不同。例如体操运动对于人身体的平衡性、柔韧性、灵活性要求极高，所以，一般情况下，人在20多岁以后就不再适合参加体操的竞技运动了。而棋类活动对思维能力要求比较高，对身体的平衡性、柔韧性、灵活性的要求则不高，所以，只要自身的体力能够支持，从事棋类活动一般不会受到年龄的限制。

规律可以被人认识和利用。人要想通过行动达到自己的目的，实现人生理想，必须努力探索、认识和把握人生行动规律，并以此作为自己的人生指南和行动向导。

3. 把握规律，善于行动

战国时期，有位著名的厨师庖丁，他可以毫不费力地把牛的骨头和肉分割开来，手起刀落，干净利索。原来，他对牛身体上肉和骨头的结构已经很熟悉。一般厨师用的刀，一个月就得换一把，因为他们的刀刃经常碰到骨头。技术高明的厨师可以一年换一把刀，因为他们只用刀来割肉。而庖丁的刀，已经用了十几年，解剖了几千头牛，还像新刀一样锋利，因为他熟悉肉与骨头之间的缝隙，轻轻地把刀插进去，就能把肉一块一块地分解开。

⭐ 庖丁解牛为什么能事半功倍？

人生行动要以把握客观规律为前提。行动的方法是否科学，行动能否成功，关键在于是否遵循客观规律。人生行动只有遵循和利用客观规律，才能找到科学的方法，才能取得成功。否则，就会失败。

我们要善于行动，就要把握规律，掌握方法，学会做事，克服盲目性。

第一，做任何事情都要确立目标。确立目标是成功的起点。目标会使"理想的我"与"现实的我"相统一。

中职生如果能及时对自己未来的职业生涯做好规划，选择好目标，现实的学习和生活就会指向这一目标，每一天就会过得有效率，这样才能够通过学习获得知识，通过实践锻炼能力。

第二，做任何事情都要有准备。准备要精心、周到，包括对所做事情的理解、做事情的条件、实现目标的途径和方法等。

行动必须先进行思考。凡事预则立，不预则废。所谓预就是指要有计划，就是做事情要有准备，不能仅凭一时的情绪和热情，盲目地行动。我们的行动有时需要快捷，有时则需要谨慎和缓慢，有时需要我们主动地去做，有时则需要我们等待时机。所有这些都需要把自己的行动建立在客观实际的基础上，才有可能处理好、把握好。

第三，做任何事情都要有顺序。要养成按照时间顺序做事的习惯。没有顺序就没有秩序，没有秩序就达不到目的。自然事物有顺序，社会生活有顺序，人的行动也有顺序。顺序就是要根据事情的轻重缓急，分清时间的先后，在一定的时间内做一定的事情。行动要受到时间的约束，所以要守时，要珍惜时间，要按照时间顺序做事情。

第四，做任何事情都要有始有终。行动要一步一个脚印地去完成。人不可能一下子就把所有事情都做完。一口吃不出胖子来。路要一步一步去走，事情要一件一件去做。有好的开始是重要的，能坚持下去，有好的结果则更为重要。

中车长春轨道客车股份有限公司首席焊工李万君等十人当选为2018年"大国工匠年度人物"。他们最年长的86岁，最年轻的29岁，来自国防军工、电子科技、石油钻探、文物修复等多个行业，在不同的工作岗位上，靠自己过硬的技术和本领，追求着职业技能的完美，在普通岗位上作出了不平凡的贡献，都是工匠精神的杰出传承者。

李万君从一名普通焊工成长为我国高铁焊接专家，是"中国第一代高铁工人"中的杰出代表，是高铁战线的"杰出工匠"，被誉为"工人院士""高铁焊接大师"。为了在国外对我国高铁技术封锁面前实现"技术突围"，他凭着一股不服输的钻劲儿、韧劲儿，积极参与填补国内空白的几十种高速车、铁路客车、城铁车转向架焊接规范及操作方法，一次又一次地试验，先后进行技术攻关100余项，其中21项获国家专利。

这些"大国工匠年度人物"各自的人生经历不同，奋斗的历程也不一样，但他们都有一个共同的特点：对事业精益求精的工作态度，对专业和工作的执着。他们都能够耐得住清贫和寂寞，日复一日，年复一年，每天做着重复的工作。当别人休息时，他们可能还在一线工作；当别人一家团聚休闲时，他们可能还在一线独自钻研奋斗。失败了也不灰心、不气馁，靠的就是有一颗恒心，靠的就是对专业的执着，甚至是痴迷。

人生行动是做人和做事的统一。我们在人生行动中要善于认识和把握规律，遵循并利用规律，会干、巧干，才能把工作做好，才能达到预期目的。

衷心希望新时代中国青年积极拥抱新时代、奋进新时代，让青春在为祖国、为人民、为民族、为人类的奉献中焕发出更加绚丽的光彩！

——习近平

感悟 与 体验

1. 蟾蜍有毒，蟾衣却可入药。某青年农民偶然看到蟾蜍蜕皮的过程，于是开始了获取蟾衣的探索。经过反复观察、实验、总结，他发现蟾蜍蜕皮是其生长过程中的自然现象，一般在夜晚发生，过程很短，然后蟾蜍会马上把皮吃掉；他还发现蟾蜍的眼睛对运动的物体敏感。根据这些情况，他发明了通过控制光线、在水中获取、幼虫喂养等技巧获取蟾衣的方法，闯出了低成本、省劳力、不破坏生态平衡且有巨大经济效益的致富道路。

⭐ 结合巧取蟾衣事例，说明人生行动体现的哲学道理。

2. 全国技术能手杨敬双是青岛即发集团控股有限公司挡车工和技师。他以爱岗敬业、创先争优的精神和干一行爱一行、专一行精一行的工作热忱，好学自律、创新劳动，练就了一身过硬的挡车技能，能娴熟地同时操作9台以上织机，比一般挡车工多操作4台，每年的织布产量、质量在公司名列前茅。杨敬双被中国纺织工业联合会授予"全国纺织行业技术能手"称号。

⭐ 结合上述事例，说明人生发展必须通过行动实现的道理。

杨敬双在工作中

3. 比一比，试一试：以小组为单位，组织策划一次新产品推销活动。各组之间展开竞赛，看谁能提出更多的创新思路，谁的产品更受欢迎。

⭐ 通过小组活动，总结归纳：要实现新产品的推销目的，需要采取什么行动？团队合作有哪些基本要求？在推销活动中，如何解决主观愿望和客观实际之间的矛盾？如何遵循市场营销规律？

第 三 课　自觉能动与自强不息

辩证唯物主义在承认物质决定意识的前提下，同时承认意识对物质具有能动的反作用。做任何事情都要坚持尊重客观规律和发挥自觉能动性的统一。

　　"那是一条神奇的天路，把人间的温暖送到边疆，从此山不再高，路不再漫长，各族儿女欢聚一堂……那是一条神奇的天路，带我们走进人间天堂，青稞酒酥油茶会更加香甜，幸福的歌声传遍四方……"歌曲《天路》赞颂了青藏铁路建设者大无畏的英雄气概。

　　青藏铁路的成功建设是尊重客观规律与发挥人的自觉能动性相结合的典型范例。如同架桥修路一样，人生也没有现成的路可走，人生的每一步都需要付出艰苦的努力，需要铁路建设者那种不怕困难、不怕牺牲的奋斗精神；也需要尊重客观规律、实事求是的科学精神。做任何事情都要在遵循客观规律的前提下发挥自觉能动性，积极发掘自身潜力，自主自立、自强不息。

一、人生是自觉能动的过程

1. 人生发展不能"等靠要"

　　她，30岁的生命，经历了31次骨折，但依然顽强地活着；她，身高只有1.1米，肢体脆弱，不能行走，却有着顽强的性格；她，坚持用凳子走路，自己洗衣做饭，独立生活，独立工作；她，报考北大心理学专业，并考取国家心理咨询师，开通了"瑞红知心热线"，帮助无数困惑的人走出心灵的沼泽；她，创办"瑞红姐姐学习小屋"，举办"瑞红姐姐知心课堂"讲座，把积极的人生观带给上万师生……她，就是《玻璃女孩水晶心》的作者——魏瑞红。

　　魏瑞红，是一个身患成骨不全症的女孩，从出生起全身骨头脆如玻璃，稍一受力就会频繁断裂，所以被称为"玻璃女孩"。这样一个身患顽疾的女孩，生存都很困难（医生曾预言她只能活到十一二岁），生活的艰辛和痛苦可想而知。但是，魏瑞红坚信，自己的梦想绝不会像玻璃那样易碎，她一定要凭借自己的努力活下来，不做半个人，不做生活的乞丐！魏瑞红克服了无数困难，付出了常人无法想象的努力，不但让自己活了下来，而且活得自食其力，活得异彩纷呈……

⭐ 你认为支撑魏瑞红坚强而自立地活着并给别人送去帮助和支持的是一种什么精神？

我们党始终把思想建设放在党的建设第一位，强调"革命理想高于天"，就是精神变物质、物质变精神的辩证法。

——习近平

人生路只能自己去走。每个人的人生之路都是自己走出来的，没有人可以替代我们的努力和奋斗。人生发展不能"等靠要"，否则只能是虚度年华，浪费宝贵的人生光阴。我们必须充分发挥自觉能动性，做自己人生的主人。

2. 自觉能动性的表现

蜂巢

古屋

高楼大厦

蜜蜂建造的蜂巢细致精妙，而人类早期建造的房屋却古朴简陋。从茅草屋到高耸入云的大厦，人类改造世界的能力不断提升，而蜜蜂的蜂巢却始终如一。

黑猩猩被公认为是智商最接近人类的动物。科学家做过一次实验：教黑猩猩用水灭火。经过多次训练，黑猩猩学会了从水龙头上接水灭火。科学家又来到河边试验。当科学家点燃一堆篝火，只见黑猩猩飞快提起水桶，涉水过河，到对面的水龙头上接满一桶水，再涉水过河来灭火。而消防员在任何情况下都知道水能灭火，不仅如此，他们还能够掌握其他很多种灭火方法。这是为什么呢？

⭐ 结合上述图片和事例，说明自觉能动性是人区别于动物的根本特点。

自觉能动性是人特有的能力，是人区别于动物的根本特点。

首先，人的自觉能动性表现在人能动地反映世界。人在实践的基础上不仅能认识事物的外部现象，还能通过抽象思维活动认识事物的本质和规律；不仅能认识现存的事物，而且能在头脑中构想出尚不存在的事物和观念，预测事物未来的发展趋势。

其次，人的自觉能动性表现在人能动地改造世界。人能够把握客观规律，把思想、计划和方案等观念的东西用于指导实践，以自己创造性的活动改造世界，达到预期的目的，这是人的自觉能动性的最重要的表现。

武汉长江大桥

长江三峡工程

"一桥飞架南北，天堑变通途。""更立西江石壁，截断巫山云雨，高峡出平湖。"毛泽东当年在《水调歌头·游泳》这首词中描述的宏伟景象都已变为现实。武汉长江大桥的修建，长江三峡工程的完工，无不诠释着人类自觉能动性的伟大力量。"神女应无恙"，真的"当惊世界殊"了！

最后，人的自觉能动性表现在认识世界和改造世界的活动中所具有的精神状态，即通常所说的决心、意志、干劲等。积极主动的进取精神、吃苦耐劳的牺牲精神、百折不挠的坚强意志、孜孜不倦的务实态度，都是人的自觉能动性的表现。这些精神状态贯穿人们认识世界和改造世界的活动之中，对这些活动的导向与选择、激发与抑制、控制与调节有着巨大影响。

人的存在和发展都是自觉能动的过程。与动物不同，人不是被动的、本能的生存过程，而是在一定社会历史和环境条件基础上，能动的、创造性的生活过程，是用自己的智力和体力去认识环境、改造环境，创造物质财富和精神财富，主动地生存和发展的过程。所以，自觉能动性的发挥对人的发展起着重要作用。

3. 自强自立，创造人生

小李就读于职业高中机电专业。毕业后，他下决心一定要自立，不能再靠父母养活，要靠自己学到的技术去拼搏，干出一番事业。于是，他向亲戚借了钱作为创业资金，在县城开了一间机电类的综合维修店。最初几个月，店里生意冷清，入不敷出。家人劝他关门大吉，但他不服输。经过思考，他改变了经营策略，雇了一名员工看守店铺，自己则走街串巷，上门服务。他白天做工，晚上自学有关知识。在他不懈的努力下，生意终于红火了起来。小李不仅实现了自立的愿望，还吸收了15名下岗青年在维修店再就业。

⭐ 结合小李自强自立的事例，说明如何发挥自觉能动性、创造人生。

发挥自觉能动性、创造人生，要学会自立。只有学会自立，独立面对人生，才能真正把握自己的前途，做自己命运的主人。在人生的道路上，任何外力的帮助都是次要的，只有自己的努力才是通向成功之路的金钥匙。

发挥自觉能动性、创造人生，要积极进取、自强不息。人生的发展，是持续不断发挥自觉能动性、提高自身能力的过程。人的真正力量来自对客观世界及其规律的认识，来自知识的积累，来自改造客观世界的实践能力。自胜者，就是能够克服自身的欲望，超越本能，正确认识自我，不断发挥自身能动性的人。

> 成功的背后，永远是艰辛努力。青年要把艰苦环境作为磨炼自己的机遇，把小事当作大事干，一步一个脚印往前走。滴水可以穿石。只要坚韧不拔、百折不挠，成功就一定在前方等你。
>
> ——习近平

张雪松是中车唐山机车车辆有限公司铝合金厂的机械钳工、数控装调维修工高级技师，第七届全国道德模范，党的十八大、十九大代表，全国劳动模范，全国技术能手，中华技能大奖获得者，全国优秀共产党员。

1992年，技校毕业的张雪松成为唐车公司的一名技术工人，他在工作中勤学苦练，业余时间在图书馆里汲取丰富的理论知识，开始了高技术工人成长之路。同年，张雪松便在唐山市青工技能大赛上崭露头角，取得钳工第四名的好成绩，获得唐山市"技术能手"称号。他始终坚持理论学习与实践相结合。他自学了机电一体化大专课程、电气工程及自动化本科课程，掌握了先进的理论知识，并应用在生产实践中，提高技能水平；同时，生产中遇到的难题又在理论知识中寻找答案。

参加工作以来，张雪松在工作中践行工匠精神。在高速动车组研制生产中，张雪松攻克了高速动车组车体生产中的一系列技术难题。他推进工作创新，完成20多项工装设备技术改造，弥补了进口设备缺陷，保证了动车组生产顺利进行，创造经济效益数百万元；他注重发挥团队的力量，带出了一批从事高速动车组铝合金车体生产的骨干力量，为中国高速铁路装备制造业的发展作出了突出贡献。

⭐ 搜集张雪松等新时代大国工匠的事迹，谈谈如何向他们学习，发挥自觉能动性、创造人生。

31

发挥自觉能动性，创造人生，要不断解放思想、勇于创新。主动创造是自觉能动性的最高体现。人生的发展就是不断创造的过程。

中职学生要充分发挥自觉能动性，提高自己的认识能力和实践能力，磨炼自己的意志品质，把自己锻炼成一个有创新精神的劳动者，开创自己美好的人生。

二、自强不息，走好人生每一步

1. 人生发展不能好高骛远

两位刚刚创业的大学生接受记者的采访。当记者问到他们的目标时，第一位大学生踌躇满志，对着镜头信誓旦旦地说，他要在三年之内成为业界的一头大象，拥有巨额财富，成为亿万富翁。另一位则淡淡地说，他只想成为一只蚂蚁，每天进步一点点。

结果第一位梦想自己成为大象的大学生，由于急于求成，盲目扩张，盲目投资，再加上管理不力，一年后，就败光了全部家当。而另一位大学生则一直坚守着自己的产业，精心管理，苦心经营，每天的生意虽然不是日进斗金，却也稍有盈余，日积月累，事业越做越大。

⭐ 对比案例中两个人的不同表现，说明人不能好高骛远。

人生需要脚踏实地，自觉能动性的发挥不能好高骛远。好高骛远，会使人不切实际，丢掉许多现成的成功机会，使人浮躁狂妄、投机取巧，在困难时怨天尤人，终致一蹶不振。

2. 客观规律与自觉能动性的辩证关系

春秋时期，宋国有一个农夫，他总是嫌田里的庄稼长得太慢，今天去瞧瞧，明天去看看，觉得禾苗好像总也不长。他心想：有什么办法能使它们长得高些快些呢？

有一天，他来到田里，把禾苗一棵一棵地往上拔。一大片禾苗，一棵一棵地拔真费了不少力气，等他拔完了禾苗，已经累得筋疲力尽了。可是他心里却很高兴，回到家里还夸口说："今天可把我累坏了，我帮助禾苗长高了好几寸！"他儿子听了，赶忙跑到田里去看，发现田里的禾苗全都枯萎了。

揠苗助长

⭐ 揠苗助长的故事体现了自觉能动性与客观规律怎样的关系？

客观规律与自觉能动性是辩证统一的。一方面，尊重客观规律是正确发挥自觉能动性的基础和前提。规律是客观的，客观规律始终制约着人的自觉能动性的发挥。只有从客观实际出发，尊重客观规律，才能正确发挥自觉能动性。反之，不但达不到预想的效果，而且会把事情搞糟，使自己的人生路越走越窄。任何违背客观规律，夸大自觉能动性的做法都是错误的。

另一方面，发挥自觉能动性是认识和利用客观规律的必要条件。正因为客观规律制约着人的自觉能动性，才更需要人发挥自觉能动性。首先，事物的本质与规律隐藏于现象之中，人们只有充分发挥自觉能动性，运用抽象思维能力，才能透过事物的现象揭示事物的本质与规律，从而正确地指导人们的行动。其次，事物不会自动满足人的需要，人们只有充分发挥自觉能动性，通过实实在在的行动，利用规律和条件，才能改造世界，创造美好的生活。最后，人们在认识世界和改造世界的过程中，必然会遇到种种困难、挫折，甚至暂时的失败。因此就更需要坚强的意志和十足的干劲，需要充满活力的精神状态。

中国科学院教授杨佳，15岁成为郑州大学英语系的学生，19岁留校任教。22岁考入中国科学院研究生院，24岁研究生毕业留校任教。29岁时，她因病陷入永远黑暗的世界。但顽强的杨佳丝毫没有放弃生活的希望，她从头学起，用坚强的心，不断超越自己。

2000年，已失明8年的杨佳报考了哈佛大学肯尼迪政府学院，准备攻读公共管理硕士。面试中，杨佳从容不迫，凭借熟练的英语、敏捷的才思和丰厚的知识储备，对答如流，完美发挥。同时，她自强不息、顽强拼搏的精神深深地感染着每一位考官，认为这位中国考生优秀得让哈佛除了录取别无选择！

回头看自己的人生历程，杨佳说："感谢命运让我知难而进，一步一个脚印走出家门，走出国门，走进光明，走向世界。""失明将我的人生一分为二，29岁前，超越别人；29岁后，超越自我。一个人可以看不见道路，但绝不能停止前进的脚步！100次摔倒，可以101次站起来！"

⭐ 结合上述事例，说明自觉能动性在人生发展中的重要作用。

正确发挥自觉能动性还受到主观因素的制约。主观因素包括已形成的观念、能力、方法和身心健康的程度等多方面的因素。要正确发挥自觉能动性，就必须不断积累正确的主观因素即自觉地总结经验、积累知识、提高能力，坚持正确的价值取向，使自觉能动性的发挥有益于人类、有益于国家、有益于集体。

相关链接

德国心理学家艾宾浩斯研究发现，遗忘是有规律的。

他根据实验结果绘成描述遗忘进程的曲线，即著名的艾宾浩斯遗忘曲线。在艾宾浩斯遗忘曲线中，纵坐标代表记忆数量的百分比，横坐标代表时间。

这条曲线表明，学习中的遗忘是有规律的，遗忘的进程不是均衡的，在记忆的最初阶段遗忘的速度很快，后来就逐渐减慢了，到了相当长的时间后，几乎就不再遗忘了，这就是遗忘的发展规律，即"先快后慢"。

是否坚持尊重客观规律与发挥自觉能动性的辩证统一，决定了自觉能动性发挥的效果和程度。离开客观规律发挥自觉能动性是盲目的，而在客观规律面前否定人的自觉能动性的作用，则是消极的。

3. 脚踏实地、积极进取，走好人生每一步

曾经就读职业高中、现任香港某集团中国区总经理助理的周荣，带薪实习时被分配在生产线上做普通员工。流水线的工作是枯燥而烦闷的，每天要站十来个小时，长时间的站立使小腿肿得像两根柱子。很多人都吃不了这份苦，纷纷跳槽，另觅新路。只有周荣坚持了下来，顺利转正，并一步一个脚印地做到了现在的位置。

⭐ 结合周荣的经历说一说，我们应如何脚踏实地，走好人生路。

要走好人生路，既要有远大理想，又要脚踏实地。人生没有捷径，也不能速成，只有脚踏实地，从切实可行的基础做起，从眼前的一点一滴做起，才能实现自己的梦想。

陈静是宁波某国际大酒店副总经理，是酒店服务行业最高荣誉"金钥匙"的获得者。1996年她从职业学校宾馆外语班毕业后，来到酒店工作。刚开始的工作是客房清洁，后来又被调去做房务中心服务员、总台服务员。无论哪个工种、哪个岗位，她都认真、努力去做。在一年又一年的辛勤付出中，她逐渐成长为一名酒店业高级管理人员。她告诫自己：在追求事业成功方面，每个人并不是无所不能的，但一定要竭尽所能。她相信，中职生只要脚踏实地干，一样可以在平凡的岗位上作出不平凡的贡献，获得成功的人生。

要走好人生路，需要有顽强毅力、自强不息。自强不息是自觉能动性的表现，是打开自己潜能宝库的钥匙，它可以产生强大的精神力量，对人生发展起着重要作用。有没有自信自强的精神，决定了一个人的自觉能动性发挥的程度。

身体有疾病不要紧，只要有理想，坚持下去，一定会成功！郑心意是湖北省罗田的一位残疾青年。他2岁时患扭转痉挛型脑瘫，上肢痉挛并向身体一侧反转，即使完成一个简单的动作，都需要忍着剧烈的疼痛。

由于身体原因，郑心意无法去学校上学。但他通过看电视上的字幕，学会

了认字和说普通话，还用脚学会了写字、发手机短信。郑心意家十分贫困，但他谢绝别人的救助。为了贴补家用，他到镇子上摆摊赚钱。汶川地震发生后，他将自己辛苦攒下的500元钱捐给了灾区。他用含混不清的口齿艰难地对记者说："我身体不像个样子，但活得一定要像个样子！"

广大青年要牢记"空谈误国、实干兴邦"，立足本职、埋头苦干，从自身做起，从点滴做起，用勤劳的双手、一流的业绩成就属于自己的人生精彩。

——习近平

要走好人生路，需要坚持不懈、坚持到底。只有自强不息才能实现自我。人生如登高山，只有积极进取、坚持不懈地努力，才能登上顶峰。

在人生的道路上，青年学生只有积极发挥自觉能动性，努力学习，勤于实践，提高自己各方面的能力和素质，使自身变得强大起来，才能无往而不胜。

感悟 与 体验

1. 有一种奇怪的虫子，叫列队毛毛虫。顾名思义，这种毛毛虫喜欢列成一队行走。最前面的一只负责方向，后面的只管跟从。生物学家法布尔曾利用列队毛毛虫做过一个有趣的实验：诱使领头的毛毛虫围绕一个大花盆绕圈，其他的毛毛虫跟着领头的毛毛虫，在花盆边沿首尾相连，形成一个圈。这样，整个毛毛虫队伍就无始无终，每个毛毛虫都可以是队伍的头或尾，每个毛毛虫都跟着它前面的毛毛虫爬呀爬，周而复始。直到几天后，毛毛虫们被饿晕了，从花盆边沿掉下来。

⭐ 结合上述实验，说明人的自觉能动性的特点。

2. 2015年"五一"开始，央视新闻推出《大国工匠》八集系列节目。该系列节目讲述了为长征火箭焊接发动机的国家高级技师高凤林等8位不同岗位劳动者的事迹，叙述了他们用自己的灵巧双手匠心筑梦的故事。

这群不平凡劳动者的成功之路，不是进名牌大学、拿耀眼文凭，而是默默坚守，孜孜以求，在平凡岗位上，追求职业技能的完美和极致。经过不懈努力，他们最终脱颖而出，跻身"国宝级"技工行列，成为本领域不可或缺的人才。

⭐ 查找这些大国工匠的事迹，结合本课所学内容，谈谈我们应该如何向他们学习，走好人生路。

3. 搜集材料，相互交流：

搜集并整理古今中外关于自立自强的名言警句，结合事例，体会这些警句对我们走好人生路的作用。

选取某一自强不息的典型人物，说明他（或她）在人生奋斗中是如何做到尊重客观规律和发挥主观能动性的统一的？

用辩证的观点看问题 树立积极的人生态度

我们必须学会全面地看问题，不但要看到事物的正面，也要看到它的反面。在一定的条件下，坏的东西可以引出好的结果，好的东西也可以引出坏的结果。

——毛泽东

　　积极的心态，是人生发展的巨大引擎，它会给人信心、力量和希望，使生活始终充满阳光；而消极的心态，则使人意志消沉，烦恼不断，使生活暗淡无光。其实，生活中的任何事物，都有不同的侧面和不同的意义，都处在永恒的发展变化之中。用辩证的观点看问题，才能拥有积极的人生态度。用积极的心态对待生活中的人际关系问题、顺境逆境以及人生中的各种矛盾，会使人生更加光明。学习唯物辩证法的观点和方法，可以帮助我们培养积极向上的人生态度，学会辩证地、全面地看问题，促进人生发展。

第四课 | 普遍联系与人际和谐

唯物辩证法是同形而上学根本对立的，是科学的世界观和方法论。普遍联系的观点是唯物辩证法的基本观点。它认为物质世界是普遍联系的，联系是普遍的、客观的，也是多样复杂的；它要求我们想问题、办事情都要用联系的观点看问题，反对孤立地看问题，还要对事物复杂的联系进行具体分析。

小林是某职业学校二年级的学生。入学一年多，他与班上的同学经常发生摩擦，关系紧张，与同学基本不来往，集体活动也很少参加。他认为自己没有一个能相互了解、信任、谈得来的知心朋友，常感到孤独和自卑，情绪烦躁，痛苦无处倾诉。长期的苦恼和焦虑使他患上了神经衰弱症，随之而来的是体质下降，成绩下滑。他开始厌倦学习，厌恶同学和班级，甚至不顾老师和家长的劝阻，坚持要求休学。

人际关系问题是我们每一个人都无法回避的问题，从哲学上看，人际关系是世界普遍联系在人与人关系上的表现。小林的事情告诉我们，联系是普遍存在的，又是复杂多样的。我们要学会用唯物辩证法普遍联系的观点观察和处理问题，包括处理好每个人都无法回避的人际关系问题，以积极的心态营造和谐的人际关系。

一、用普遍联系的观点看待人际关系

1. 人不能孤立封闭地生存和发展

1996年，著名的意大利洞穴专家毛利奇·蒙泰尔做了一个非常著名的地下实验。他把自己置身于一个很深的洞穴中，在这个洞穴里，有足够他吃一年的食物和维持生命的生活用品，有100多部电影碟片和一些健身车、健身球等供他娱乐。但是，在这个洞穴里除了他自己，没有其他人。1997年，蒙泰尔从洞穴里出来了。经过一年与世隔绝的生活，蒙泰尔变得目光呆滞，脸色惨白，语言不畅。他的记忆力、交往能力和语言表达能力，都发生了严重的退化。

⭐ 结合蒙泰尔的洞穴实验，说明现实生活中人不能孤立封闭地生存和发展。

现代生活中的每一个人，无论是出于心理需求还是社会需求，都需要与人交往，都要和他人发生各种各样的联系。任何一个人都无法脱离社会群体而独立存在，人的成长与发展、成功与幸福，无不与人际交往密切相连。

人际交往是个人身心健康的需要。通过交往，可以获得友谊、支持和理解，增强自我价值和力量，减少孤独和失落感；如果缺少人际交往，没有与他人的交流和沟通，会增加学习、工作中的困难与挫折，还会引发内心的矛盾与冲突，从而带来一系列不良的情绪反应。而不良情绪作用于生理活动，将会成为各种疾病的催化剂。

中国女排曾经创造了"五连冠"的辉煌战绩。这是中国女排集体奋力拼搏的结果。正如"铁榔头"郎平所说："我的每一记重扣的成功，无不包含着同伴的努力。"郎平用她的亲身经历告诉人们：一个人的力量是有限的，个人的力量很难突破时空、环境的限制。因此，摆脱他人、寻求孤立发展是不可能的。

在知识和科技日益发展和发达的今天，人际交往可以开阔眼界，开发智力，扩大知识面，使我们在有限的时间内获得更多的知识和技能。通过对那些取得卓越成就人士的研究发现，

离开了祖国需要、人民利益，任何孤芳自赏都会陷入越走越窄的狭小天地。
——习近平

在个人取得成功的诸多因素中，人际关系与社会交往能力的作用绝不亚于个人所掌握的专门知识和技能。人际交往是个人学习社会知识、生存技能和科学文化，实现自身发展的条件和必经之路。

2. 联系的普遍性、客观性

2020年初，一场突如其来的新冠肺炎疫情袭击湖北武汉并蔓延至全国。在党中央的集中统一领导下，全国形成了全面动员、全面部署、全面加强疫情防控工作的局面。

——党中央迅速作出决策部署，强调坚持全国一盘棋、做好联防联控工作，提出了坚定信心、同舟共济、科学防治、精准施策的总要求。习近平强调："各级党委和政府必须坚决服从党中央统一指挥、统一协调、统一调度，做到令行禁止。"

——疫情防控战是一场整体战。各地各部门既守好自己的"一亩三分地"，严防死守打好"阵地战"，做到守土有责、守土尽责，又胸怀大局、全局，加强部门之间、区域之间的联合与协作。

——各行各业携手并肩，成为防疫抗疫的坚强后盾。踊跃捐款捐物、供应爱心果蔬、开辟绿色通道、加快物流运输……

——一方有难，八方支援，举国上下，凝聚起共同抗击疫情的磅礴力量……

……

⭐ 列举抗击新冠肺炎疫情的感人事例，并说明"全国一盘棋"抗击疫情体现了事物之间普遍联系的特点。

我们平时说的"瑞雪兆丰年""鱼儿离不开水，瓜儿离不开秧""千里之堤，溃于蚁穴"等，实际上说的都是世界上的每一个事物都不是孤立存在的，而是和其他事物处于普遍联系之中的。

唯物辩证法所讲的联系，是指事物之间和事物内部各要素之间相互作用、相互影响、相互制约的关系。它既包括事物外部的关系，又包括事物内部的关系。

当我们通过思维来考察自然界或人类历史或我们自己的精神活动的时候，首先呈现在我们眼前的，是一幅由种种联系和相互作用无穷无尽地交织起来的画面。

——恩格斯

联系有很多种类：一类是自然界中物与物之间的联系，这是自然界中一切事物之间的天然联系；另一类是人与物之间的联系，这是人通过社会实践，按照人的意志和需要与外界事物之间产生的关系，是人与客观对象之间的关系；还有一类是人与人之间的联系，由于双方都是有意志的人，因而是一种互为对象、互相需要、互为主体的关系。人与人之间的关系是世界上一切联系中最高级、最复杂的关系。

相关链接

20世纪70年代末，中国改革开放大幕拉开，邓小平指出，"任何一个国家要发展，孤立起来是不可能的，闭关自守是不可能的"。党中央认为，中国要发展，不仅对内要改革，而且对外要开放。中国的发展离不开世界，世界的繁荣也需要中国。当今世界，国际交流和合作日益增多，同时经济往来更加频繁。如今的国际经济交流，不仅包括一般性的商品交换，还包括资本、金融、技术等各方面的交流。只有实行对外开放，积极参与国际经济竞争和合作，才能发展生产力，改变落后局面。

改革开放的变化

40多年来的实践证明，对外开放是中国选择的一条正确的发展道路，是中华民族的振兴之路。

联系是普遍的。整个物质世界，大到宏观世界，小至微观粒子，从无机物至有机物，从低级生物到人类，万事万物都处于相互影响、相互制约的关系当中。世界上不存在孤立的事物，一切事物都处在与周围事物的相互联系之中，整个世界就是一个无限复杂的相互联系的整体，每一个事物都是这个相互联系的整体中的一部分或一个环节。

联系是客观的。不论是自然界事物之间的联系，还是人类在社会生活中的联系，都是事物本身所固有的，是不以人的意志为转移的。我们既不能否定事物本身固有的联系，也不能用幻想的联系代替未知的现实的联系，不能把幻想的联系主观地加给某一客观事物。

民间流传的一些说法，如"乌鸦报丧、喜鹊报喜""彗星、地震显示吉凶祸福""指纹、手相决定人生命运""得'8'就会发""得'13'灾祸难免"，等等，这些臆造出来的虚幻的联系，实际上是不存在的。

物质世界的普遍联系不但是每个事物生存发展的条件，而且还可以改变事物。同样的事物在不同的联系当中，会产生不同的质，成为不同的事物。古代就有"南橘北枳"的说法。说的是，南方的橘移到北方生长，橘就变成了枳，虽然外形还是橘子，味道却发生了很大的变化。这是因为橘子是在南方的土壤、气候等相关的联系和条件下生长的，而到了北方，这些联系和条件发生了变化，橘子也就不是原来的橘子了。我们人也一样。俗话说，近朱者赤，近墨者黑。这是说人会在与不同的人的联系当中不知不觉地发生改变。

据报载，有一位农民，听说某地培育出一种新的玉米，收成很好，于是千方百计买来一些。他的邻居们听说后，纷纷找到他，向他询问种子的有关情况和出售种子的地方。这位农民害怕大家都用这样的种子而使自己失去竞争优势，便拒绝回答，邻居们没办法，只好继续种原来的种子。谁知，到了收获的季节，这位农民的玉米并没有获得丰收，与邻居家的玉米相比，差别不大。为了寻找原因，农民去请教一位专家，经专家分析，很快查出了玉米减产的原因：他的优质玉米接受了邻居劣等玉米的花粉。

⭐ 结合上述事例，说明联系的客观性。

身体的各个部分只有在其联系中才是它们本来应当的那样，脱离了身体的手，只是名义上的手。

——亚里士多德

联系的普遍性、客观性要求我们：

第一，要用普遍联系的观点看问题，反对孤立地、片面地看问题。看问题不能只见树木，不见森林；只知其一，不知其二；改其一点，不及其余。

第二，要从整体上把握事物的联系，处理好局部和整体的关系。认识和处理问题既要认真对待每一个个体和局部的问题，重视个体、局部对整体的重要意义和影响，又要把个体、局部的问题放在同整体的联系中去认识，在同整体的联系中认识个体、局部的价值和意义。

第三，要把握事物的客观联系，反对主观臆造的联系。

3. 以积极态度正确看待人际关系和社会交往

每个人都有祖先、父母、亲属、邻里，以及各种各样的社会关系。人际关系伴随我们终生。随着交通工具和信息技术的发达，人们之间的社会联系越来越广泛而密切，广阔世界变成了一个小小的"地球村"。美国社会学家梅尔葛拉姆曾用"六度分离"理论来说明人际关系的广泛性。简单地说，就是对于任何不认识、没有关系的人，通常不需要超过六个人的关系，就能够联结在一起。

⭐ 结合上述事例，谈谈我们应该如何正确看待人际关系。

同世界上一切事物的普遍联系一样，社会生活中的人际关系也是无处不在的。每一个人都生活在纵横交错的"人际关系网"之中，离开与他人的关系，人就无法生存、发展。

同联系可以改变事物的性质一样，人际交往关系作为物质世界普

面对生态环境挑战，人类是一荣俱荣、一损俱损的命运共同体，没有哪个国家能独善其身。唯有携手合作，我们才能有效应对气候变化、海洋污染、生物保护等全球性环境问题，实现联合国2030年可持续发展目标。

——习近平

遍联系的最高形式，它也可以改变甚至在一定意义上决定身处这种关系中的个人。要认识一个人，只看他的外貌等身体特征是看不出来的，可靠的办法是听其言观其行，全面考察他的社会交往、社会联系和社会关系。全面了解一个人的社会联系和社会关系，也就认识了这个人的本质。从普遍联系中考察事物、认识事物，从社会普遍联系中考察人和认识人，这是唯物辩证法的一个重要的方法。

用普遍联系的观点看待人际关系，要求我们看到人际关系对个人的不同影响。良好的人际关系，对个人的日常生活和人生发展具有积极的促进作用；反之，会产生消极影响。人与人之间的社会交往联系与一般自然物的联系不同，人具有自觉能动性，能够主动进行选择。人际交往关系渗透着人的目的性、能动性。人不是完全被动地接受社会交往关系，而是可以能动地选择与什么人交往，不与什么人交往，从而促进和推动自己人生的健康发展。

青年的人生目标会有不同，职业选择也有差异，但只有把自己的小我融入祖国的大我、人民的大我之中，与时代同步伐、与人民共命运，才能更好实现人生价值、升华人生境界。

——习近平

实验人员让两组实验参加者给同一位女士打电话。告诉第一组的人说：对方是一位冷酷、呆板、枯燥、乏味的女人；告诉第二组的人说：对方是一位热情、活泼、开朗、有趣的人。结果发现，第二组的人与那位女士的交谈非常投机，通话时间也明显比第一组的人要长，而第一组的参加者很难与那位女士顺利地交谈下去。这是为什么呢？道理很简单，第二组的参加者把那位女士想象成一个幸运的"天使"，把她看作一个"热情、活泼、开朗、有趣"的人，并以同样的态度与之交往，而第一组则相反。

⭐ 结合实验结果，谈谈我们应该用什么样的人际交往态度营造人际关系。

用普遍联系的观点看待人际关系，要求我们把个人与社会紧密联系起来。在人生发展过程中不能只看到自我，而看不到个人与社会的联系，不能自我封闭、自我满足。既要重视个体对集体和社会的价值，也要充分看到集体、社会对个人发展的重要作用。在对待人际关系上，用联系的、全面的观点看待人际关系，就会形成积极的人生态度。反之，以孤立的、片面的观点看待人际关系，就会形成消极的人生态度。

二、在复杂多样的联系中营造和谐的人际关系

1. 人生发展不能没有人际和谐

古代的思想家孔子把"礼之用，和为贵"作为最高的社会价值目标。崇尚"和为贵"的处世哲学，一直影响着中国人的思想观念和行为方式。孟子说过，"天时不如地利，地利不如人和"，把"人和"作为成就一切事情、战胜一切困难、克敌制胜的首要条件。这一思想对中国文化产生了深远影响。中国商人讲究

2008年北京奥运会开幕式展示中国"和"文化

"和气生财"，老百姓信奉的是"人和是一宝""家和万事兴"。在处理人际关系上，"己所不欲，勿施于人""君子成人之美""己欲立而立人，己欲达而达人""忠信""仁义"等，都是中华民族的基本道德准则。

⭐ 结合事例，说明人生发展不能没有人际和谐。

营造和谐人际关系是中华民族的优秀文化传统，中国古人提出的"和实生物""和而不同"的和谐观念，已经成为中华民族价值观的一部分。

和谐是不同事物之间相辅相成、相反相成的关系。一支优美的乐曲，

高低音符配合得当，婉转流畅，才能构成和谐的旋律。人际和谐意味着不同个性的人们之间互相尊重、包容、和睦相处，互助、互补、互利，团结一致，安定有序，形成合力，共同发展。和谐不等于不承认差别和分歧，在人际交往中，人与人之间在根本利益一致的条件下求同存异、化解矛盾，实现总体上的平衡、和谐状态，是由人们求生存、求发展的共同利益决定的。

人际和谐对人生发展具有重要作用。和谐的人际关系能培养人良好的情绪、开朗的性格和乐观的生活态度，促进人的身心健康发展。人际和谐有利于在与人交往过程中广泛获得社会知识、经验和社会生活能力，促进人们之间的信息交流与信息共享；有利于人与人之间的互相帮助和互相支持；有助于人的自我价值的实现。

相关链接

和谐的人际关系具有以下特征。

平等相处。在和谐的人际关系中，人与人之间是平等的，每一个人的权利和人格都受到平等的尊重。不歧视人、不欺负人，是减少人际冲突、建立良好人际关系的基本条件。

宽松的人际环境。在和谐的人际关系中，每个人的个性自由受到尊重、宽容，人与人之间能设身处地地为别人着想和最大程度地理解别人，在宽容别人的同时，自己的心胸也开阔了。

相互真诚信任。在和谐的人际关系中，人与人之间真诚相待，信誉至上。诚信是对自己的言行、承诺负责任的健康人格的表现。相互信任是维护人际关系的基本保障。对亲人、对朋友、对人民、对祖国的忠诚是加深和巩固人际和谐的重要因素，也是中华民族的传统美德。

友善和关爱。人际和谐是建立在以人为本的基础之上的，与人为善是人际和谐的基本出发点，人们以友好的态度相处，可以消除隔阂，增进感情，使人间充满温暖充满爱。

　　人际和谐对人生发展具有重要作用，但人际和谐在现实中也不是很容易实现的。因为现实中存在着多种多样复杂的关系，只有正确认识这些关系，善于处理不同关系，才能实现人际和谐。

2. 联系的多样性和条件性

　　每个人从降生到这个世界开始，就和身边的人以及环境产生着各种各样的联系——在一定的家庭环境中长大成人，与亲人之间结成亲属关系；步入社会进入工作环境当中，与同事结成合作伙伴关系，与竞争者结成竞争对手关系；之后组建了自己的家庭，与另一半结成婚姻关系，与子女结成亲子关系……每个人都生活在纵横交错的"人际关系网"之中，离开与他人的关系，人就无法生存，但这些复杂的人际关系有时也让人烦恼，关系处理不好还会给人带来很多麻烦，给个人生活带来很大影响。

　　⭐　我们身上都有哪些社会角色？通过分析和你直接相关的多种人际关系，说明联系的多样性和复杂性。

　　人际关系的复杂性上升到哲学上，就是联系的多样性和复杂性。我们大可不必因为人际关系的复杂性而烦恼，因为和谐的要求就是在多种多样关系的基础上产生的，如果没有联系的多样性和复杂性，也就不会产生和谐与不和谐的问题了。

　　联系具有多样性和复杂性。唯物辩证法告诉我们，世界是普遍联系的，这种普遍联系是通过联系的多样性和复杂性表现出来的。物质世界的联系是复杂多样的，有直接联系和间接联系、内部联系和外部联系、本质联系和非本质联系、必然联系和偶然联系、主要联系和次要联系等。

　　达尔文早就发现，自然界的生物与生物之间、生物与环境之间、人与生物之间，是一个具有多种联系的生态循环系统。在草原上，田鼠如果多了，蜜蜂就会减少，因为田鼠会吃掉蜜蜂的蜂房。蜜蜂少了，三叶草就不会茂盛，因为三叶草的生长需要蜜蜂传授花粉。三叶草不茂盛，牛羊就长不肥，因为牛羊要吃三叶草。反之，田鼠少了，蜜蜂就会多，三叶草就会茂盛，牛羊就长得肥。而草原上的牧人是这个生态循环系统的控制者，他会控制田鼠繁衍，不让田鼠过多，从而保障了牛羊的生长。

不同的联系对事物的存在和发展所起的作用是各不相同的。内部的、本质的、必然的和主要的联系，决定事物的根本性质及其发展的基本趋势，对事物存在和发展具有决定性的作用；而外部的、非本质的、偶然的和次要的联系，则在一定程度上影响事物发展的进程。

相关链接

直接联系是指两个事物之间不需要通过任何中间环节而发生的联系；间接联系是指两个事物之间需要通过一定的中间环节才能发生的联系。

内部联系指的是事物内部各要素之间相互制约、相互依存的关系；外部联系指的是世界上每个事物都与其他事物处于这样或那样的关系之中。

本质联系是指事物的根本性质和组成事物的各个基本要素之间的内在联系；非本质联系是指事物的表面特征以及这些特征的外部联系。

必然联系是事物发展过程中不可避免的、必定如此的趋势，它是一种本质的联系；偶然联系是事物发展过程中并非必定发生的、不确定的趋势，它是一种非本质的联系。

联系的多样性和复杂性要求我们：要善于发现和把握事物间的复杂联系。事物的联系是复杂多样的，有显性的，也有隐性的；有我们已知的，也有我们未知的。我们要区分多样性联系的不同特点，提高认识事物的洞察力。善于把握事物的复杂联系，可以使我们的认识更为深刻，方法更为得当；善于发现事物未知的联系，可以使我们的思想认识获得突破，在实践中有所发明和创造。

联系具有条件性。任何具体的联系都依赖于一定的条件，随着条件的改变，事物之间及事物内部各要素之间联系的性质和方式也会发生变化。联系的条件性要求我们一切以时间、地点和条件为转移，正确分析和把握事物存在和发展的各种条件。

3. 学会共处，营造和谐人际关系

小李转学来到新的学校，陌生的环境使他感到孤独。但小李是个乐观的人，他要打破孤独的局面。每次走进教室，他都主动地大声和自己的同桌及周围座位的同学打招呼，同学们也对他回应以友好的表示。吃饭时，同学们三三两两聚在一起，小李等大家都快坐满位子的时候，来到几位同学旁边的空位上，客气地问在座的几位同学："这个位子没有人吧？我可以坐在这儿吗？"几位同学立即热情地回答："没人，请坐，请坐。"小李边吃边和几位同学攀谈起来。很快，小李和他们成了好朋友。

⭐ 结合上述案例，说说你对学会共处，营造和谐人际关系的看法。

学会与人和谐共处是人生的一个重要的发展能力。会共处，是以承认差异为前提的，不承认差异，就是不承认别人。世界是多样性的世界，联系是多样性的联系，人是有差别的多样性的人。世界不可能是单调、无差别的同一的世界，只能是在多样性中求统一，在多种联系和关系中求和谐的世界。多样性和差异化不是坏事，它让不同的人以及不同的事物之间具有互补性、借鉴性、交往性。因此，会共处的关键是承认差异、尊重差异，承认多样性、尊重多样性。

小林是某中职学校会计专业的学生，在某公司实习期间担任企业外勤会计。这个工作要与不同企业的人员打交道，对公司的发展非常重要。小林在工作中，不仅严格要求自己，而且积极主动地与不同的人打交道，寻找共同的兴趣爱好，积极发现对方的长处，赞美和欣赏对方的优点。他还经常利用去工商局办事的机会，义务帮助其他企业办理执照的人员填写申报表。他娴熟的专业能力和热情积极的工作态度得到了这些企业的认可。在这些企业的推荐下，委托小林办事的客户越来越多，纷纷表示希望与小林所在公司合作，给公司的发展带来了良好的经济效益。鉴于小林的表现和他自身的优秀条件，公司不仅对小林在实习期间的表现

提出了表扬，而且决定提前与小林签约，待他毕业后正式入职。

学会与人和谐共处，就要求同存异，悦纳他人，并使自己成为受欢迎的人。对我们每个人而言，人际关系的环境既是客观的，又是可以自觉营造的。营造和谐的人际关系，除了承认差异和多样性，更重要的还在于彼此的尊重和诚信。要学会互相配合，学会分享合作的成果和成功的快乐。

学会与人和谐共处要学会交友，建立真正的友谊。青年学生都十分重视同学间的友情，渴望得到彼此间互相帮助、互相照顾、互相倾诉的友谊，但又觉得找到真正的友谊很难，这就使友谊更为珍贵。诚实、善良、善解人意、宽厚大度、开朗幽默、乐于助人的品质，在交往中更受人们的欢迎。真诚地肯定和欣赏别人的长处，宽容别人的缺点与不足，多站在别人的立场上考虑问题，关心他人，替别人着想，而不是事事都只想着自己，遇到矛盾要冷静处理，尽量避免指责、争执和冲突，以免激化矛盾，这样才能与人和谐共处。

相关链接

孔子曾经讲过"益者三友，损者三友"的道理，孔子把正直的人、诚信的人、见闻广博的人看成是"益友"，把好谄媚奉承的人、好背后诋毁人的人、好巧言逢迎的人看成是"损友"。朋友是人际交往中关系较近、来往较密、感情较深的人，也是对我们影响较大的人。与"益友"结交，可以相得益彰，使人得到真正的帮助；与"损友"结交，会使人误入歧途，深受其害。

每个人都有自己的朋友，朋友是人际关系中对每个人影响很直接也很重要的人。中职学生正处于成长的重要阶段，与什么样的人交朋友、交什么样的朋友是十分重要的。

感悟 与 体验

1. 心理学家曾做过一个实验：以每小时15美元的酬金聘请人到一个小房间去居住。这个小房间与外界完全隔绝，没有报纸，没有电话，没有计算机、电视，不准写信，也不让其他人进入。最后有5人应聘参加实验，实验结果是：其中一个人在小房间里只待了2个小时就出来了，另外3个人待了2天，最后一个人待了8天。这个待了8天、获得了2 880美元丰厚报酬的人出来以后说："如果再让我在里面待一分钟，我就要发疯了。"

⭐ 结合案例，说明人际关系的重要性。

2. 古往今来，有人因友得福，有人因友惹祸。结合自身交友情况，分析你的朋友对你有何影响。结合普遍联系的观点，说明为何要学会择友。

3. 组织一次不限形式的社会实践活动（娱乐性、公益性、学习性都可以），要求体验并记录下，我们在活动中都与哪些人有联系？是怎样的联系？这些联系与活动效果之间有什么关系？从而体验和谐的人际关系对人的活动和发展的意义。

第五课｜发展变化与顺境逆境

唯物辩证法认为，物质世界不仅是普遍联系的，还是发展变化的，整个世界就是一个无限变化和永恒发展的物质世界。发展的实质是新事物代替旧事物，量变和质变是发展的两种不同的状态；发展是前进性和曲折性的统一。因此，要坚持用发展的观点观察和分析问题，要保护和促进新生事物的发展，要看到事物发展的前途是光明的，对未来充满信心，同时又要做好充分的思想准备，正确面对前进中的曲折，不断克服前进道路上的各种困难。

高凤林，这位技校毕业生，从事火箭发动机焊接工作30多年来，多次攻克发动机喷管焊接技术世界级难关，为北斗导航、嫦娥奔月、载人航天等国家重点工程的顺利实施以及长征五号新一代运载火箭研制作出了突出贡献，被称为火箭"心脏"的"金手天焊"。他认为，成长中的苦难，对人生发展是有助益的。

高凤林等大国工匠的成长历程告诉我们，人生是一个不断发展的过程，人在成长的过程中，会遇到很多的困难和挫折。我们要学会用辩证发展的观点看待人生，正确对待顺境和逆境，通过积极进取活出人生的精彩。

一、用发展的观点看待人生过程

1. 人生不可能是一成不变的

杨东平18岁时从某建筑职业技术学校毕业后，来到一家建筑工地打工。看到清洁人员处理建筑垃圾的效果很难让人满意，杨东平萌生了创办自己的家政服务企业的想法。他租了一个只有6平方米的门面，注册了一家家政服务企业——小蜜蜂家政服务有限公司。在开业后的3个月里，杨东平没有一单生意，分文未入。就在他难以为继、准备放弃的时候，电话响了：有家公司请杨东平清理杂草。第一次报酬，连支付工人工钱都不够，但证明了有市场需求。他决定与其他领域合作，以提供免费家政服务的方式拓展业务。他找到了商场，凡一次购物达300元以上，可以提供免费家政服务一次。随后，又推出：订一份晚报，送家政服务一次……一时间，"小蜜蜂"飞入了千家万户，业务也拓展到了保姆、月子护理、老人看护等20多个项目，成为颇具规模的有限公司。

杨东平的小蜜蜂家政服务有限公司目前在全国有几十家加盟店，"我的理想就是哪天能代表中国政府专为联合国打扫卫生"，杨东平自豪地说。

⭐ 结合杨东平的创业经历，说明人生不可能是一成不变的。

人生是不断变化的，人生一世，不可能一成不变。杨东平从一名建筑工地的打工者到家政服务公司老板，他的人生可以说是发生了巨大的变化。其实，像这种通过改变自己而取得人生成功的例子还有许多。这些都表明，人生不是一成不变的。

人生要想发展，就必须不断地改变自己，不断求新、求变。凡是成功的人，要么是不甘心过平庸无为的生活，努力创造机会，改变自己；要么是不满足于已经取得的成功，不断向新的人生高度大胆挑战，从而取得新的发展。不论哪种情况都说明，要想改变人生，首先要树立求新图变的观念。只有坚定树立变化和发展的观念，坚信通过自己的努力可以改变自己的人生境遇，才能有改变自己的人生行动，才能有成功的人生。个人的成功掌握在自己手中，每个人的人生都可以是精彩的。重要的是要树立唯物辩证法的发展变化的观念，坚定求新图变谋发展的思想，并付诸行动，每个人都可以经过努力改变自己的命运。

2. 发展的实质和状态

◆ 世界屋脊珠穆朗玛峰所在地以前是一片汪洋大海，我国在1975年测量其高度为8 848.13米，2005年，测量高度是8 844.43米。表面上不变的山体其实也在变化当中。

在推进改革中，要坚持正确的思想方法，坚持辩证法。
——习近平

◆ 人类的通信方式，从过去的鸿雁传书、烽火狼烟，到书信、电报的出现，再到今天的数字化产品和方式：手机、

计算机、网络，发展越来越快，变化越来越大。

◆ 过去人们对疾病的认识更多的是从生物医学入手研究疾病发生、发展和转化的途径，而现在人们认识到很多疾病还受到社会、环境、生态、政治、经济、宗教等诸多因素的影响。人们对疾病的认识也是变化发展的。

⭐ 结合上面的事例，并举出新的事例，说说你对发展的看法。

唯物辩证法不是一般性地讲发展。要学会用发展的观点看问题，首先要把握发展的概念，弄清发展的实质。

发展的实质是新事物代替旧事物。唯物辩证法认为，发展不是同一事物简单的重复、反复循环、原地转圈，更不是倒退下降的变化，而是事物的前进和上升的运动，是事物由低级到高级、由简单到复杂的变化。新陈代谢是宇宙间一切事物和现象普遍的、永恒的、不可抗拒的规律。任何事物发展变化的结果，就是新事物代替旧事物。

第一，必须紧紧把握发展的本质，树立科学发展观和贯彻新发展理念。

要弄清运动、变化、发展三者的关系。不能把任何变化都看成发展。变化可以是上升的、前进的运动，也可以是下降的、后退的运动；而在这些变化当中，只有前进的、上升的、进步的运动才是发展。并且，变化还可能仅仅是数量的增加或减少，如果数量的增加并没有带来事物的质的变化也不能称为发展。因此，发展的实质是新事物的产生和旧事物的灭亡，是新事物代替旧事物。事物的这种有规律的运动变化即发展反映到人的头脑里，就成为一定的发展观念，即某种发展观。科学的发展观和发展理念是在正确认识事物发展规律基础上形成的科学的认识，是马克思主义关于发展的世界观和方法论的集中体现。马克思主义哲学认为，发展是一个不断变化的进程，发展条件不会一成不变，发展环境不会一成不变，发展理念自然也不会一成不变。党的十九大报告指出："发展是解决我国一切问题的基础和关键，发展必须是科学发展，必须坚定不移贯彻创新、协调、绿色、开放、共享的发展理念。"这个新发展理念不是凭空得出来的，而是在深刻总结中国与世界发展的经验教训，分析人类社会发展大势的基础上形成的，也是针对我国发展中的突出矛盾和问题提出来的。党的十九大提出的新发展理念，集中反映了我们党对我国发展规律的新认识，是对唯物辩证法发展理论的丰富和发展。

相关链接

党的十九大把坚持新发展理念作为新时代坚持和发展中国特色社会主义的一条基本方略。新发展理念集中反映了我们党对经济社会发展规律认识的深化，是我国发展理论的又一次重大创新。改革开放以来，我们党根据形势和任务的变化，适时提出相应的发展理念和战略，引领和指导发展实践。从以经济建设为中心、发展是硬道理，到发展是党执政兴国的第一要务，到坚持以人为本、全面协调可持续发展，再到统筹推进"五位一体"总体布局、协调推进"四个全面"战略布局，端正发展理念、转变发展方式、提高发展质量，每一次发展理念、发展思路的创新和完善，都推动实现了发展的新跨越。

发展理念是战略性、纲领性、引领性的东西，是发展思路、发展方向、发展着力点的集中体现。
——习近平

绿色 协调 开放 创新 共享 新发展理念

第二，必须正确区分新事物和旧事物，看到新事物具有强大的生命力。

所谓新事物，是指符合客观规律，有强大生命力和远大前途的东西。相反，那些丧失了存在必然性，同客观规律背道而驰的东西，则是旧事物。判别一个事物是新事物还是旧事物，不能仅仅以它出现的时间先后为依据，也不能以它一时的力量是否强大为标准，更不能以它是否已经完善为尺度。关键是看这个事物是否符合客观发展规律，有没有强大的生命力和远大的发展前途。

用发展的眼光看问题，要求我们把世界上一切事物看成一个变化发展的过程，善于发现和支持新事物的成长。对于自己的人生，也要有发展的观念、创新的观念，用科学发展观做指导，力求实现全面、协调、可持续的发展。

相关链接

青藏铁路建设充分体现了科学发展观全面、协调、可持续发展的要求。青藏高原生态系统独特，珍稀特有物种丰富，自然景观多种多样，生态环境脆弱，特别需要环保型的运输通道。铁路具有运力大、能耗低、污染小、占地少等优势。建成青藏铁路有利于青、藏两省区综合交通运输体系走上科学发展轨道。按照党中央、国务院的要求，青藏铁路建设高度重视保护沿线生态环境，在中国重大建设项目中首次实行环保监理制度，用于环保的专项资金达15.4亿元。青、藏两省区环保部门监测显示，青藏铁路建设对江河湖泊水质无明显影响，植被、冻土、湿地环境得到了有效保护，沿线野生动物迁徙条件和铁路两侧自然景观未受破坏，是一条"绿色天路"。青藏铁路通车运营，有利于开发青藏地区独特的旅游资源，提升青、藏两省区可持续发展的能力。

依事物本身的性质和条件，经过不同的飞跃形式，一事物转化为他事物。

——毛泽东

第三，必须看到量变和质变是事物发展的两种不同的状态。事物发展总是由量变到质变，即由量的积累到质的飞跃。事物的发展总是由量变开始的，如果没有量变的积累做准备，质变就不会发生。因此，量变是质变的前提和必要准备。事物的量变达到一定程度时，就必然发生质变。因此，质变是量变的必然结果。

相关链接

量变是事物的量的方面的变化，是指构成事物的因素单纯数量上的增减。从外部表现形态上看，量变是事物的连续的、渐进性的、不显著的变化。量变在一定条件下不改变事物的质，不妨碍事物的存在，再加上它是渐进性地、连续地进行着，所以往往不易引起人们的注意，认为事物似乎没有什么变化。实际上，任何事物在其存在的任何时刻，其内部都发生着这种量的变化。人们形容某事物的稳定长久，喜欢说"稳如泰山"，其实，即使是泰山，其内部也每日每时都在发生着变化，只不过这种变化暂时不影响泰山的存在而已。

与量变不同，质变则是事物的质的方面的变化，是渐进性变化过程的中断，是事物从一种质态向另一种质态的飞跃。因此，在外部形态上，质变往往表现为剧烈的、显著的变化，表现为一种突然性的变故。山崩地裂、屋倒房塌，旧物种的消灭、新物种的产生等，都是质变。由于质变是剧烈的、显著的，相比较而言，就容易引起人们的注意。

古人讲"九层之台，起于累土""千里之行，始于足下"，说的都是量变是质变的基础这个道理。有这样一个故事，说是有一个农民，在牵着毛驴收工回家的路上，看见路上有许多散落的茅草，他觉得很可惜，就把草捡起来放在驴背上的驮筐里。这个农民一边走一边捡，草越压越重，终于，当他又放了一根茅草的时候，驴子给压垮了。在现实生活中这样的例子太多了，简直可以说是俯拾皆是，说的都是人们不知节制而最终尝到了苦果。这是消极方面的例子。积极方面的例子也很多。宋朝大文学家范仲淹曾讲他的为学之道为"三上"，即"马上""枕上"和"厕上"，他把骑在马上的时间、睡觉前的时间、上厕所的时间都充分利用了起来，勤于学习和思考，日积月累，终于成了知识渊博的大学问家。

3. 积极进取，谋求人生发展

新时代中国青年要勇于砥砺奋斗。奋斗是青春最亮丽的底色。"自信人生二百年，会当水击三千里。"民族复兴的使命要靠奋斗来实现，人生理想的风帆要靠奋斗来扬起。没有广大人民特别是一代代青年前赴后继、艰苦卓绝的接续奋斗，就没有中国特色社会主义新时代的今天，更不会有实现中华民族伟大复兴的明天。千百年来，中华民族历经苦难，但没有任何一次苦难能够打垮我们，最后都推动了我们民族精神、意志、力量的一次次升华。今天，我们的生活条件好了，但奋斗精神一点都不能少，中国青年永久奋斗的好传统一点都不能丢。在实现中华民族伟大复兴的新征程上，必然会有艰巨繁重的任务，必然会有艰难险阻甚至惊涛骇浪，特别需要我们发扬艰苦奋斗精神。奋斗不只是响亮的口号，而是要在做好每一件小事、完成每一项任务、履行每一项职责中见精神。奋斗的道路不会一帆风顺，往往荆棘丛生、充满坎坷。强者，总是从挫折中不断奋起、永不气馁。

新时代中国青年要勇做走在时代前列的奋进者、开拓者、奉献者，毫不畏惧面对一切艰难险阻，在劈波斩浪中开拓前进，在披荆斩棘中开辟天地，在攻坚克难中创造业绩，用青春和汗水创造出让世界刮目相看的新奇迹！

——选自习近平在纪念五四运动100周年大会上的讲话

（2019年4月30日）

⭐ 结合事例，说说新时代中国青年如何在积极进取、砥砺奋斗中成长。

我们要用发展的眼光看待人生，树立积极的人生态度，谋求自身的发展。人在年轻的时候难免有各种不足，各方面的经验、基础相对薄弱，但人生是一个动态发展的过程，我们想问题、办事情要着眼于发展，立足于发展，与时俱进，坚定前进的方向不动摇。相信经历了种种挫折和失败，我们的人生一定会发展壮大起来。

努力学习　　　　　　　　　　　　参与专业实践

中职生促进自我发展的重要途径

作为在校中职生，必须树立积极进取的人生态度，对人生充满希望，既要客观地认识自己，乐观地接受自己，又要勇敢地挑战自己，超越自己，努力实现自己的人生价值，谋求人生发展。

一个珍惜自己生命的人，一定会求新图变、自强不息，人生需要积极进取，更需要有不断改变自己、超越自己的勇气。

二、用发展的观点看待顺境与逆境

1. 人生不会是一帆风顺的

当一名职业足球运动员是刘伟的青春梦想，但10岁那年的一次触电事故让他失去了双臂。重回人生轨道的刘伟，一直对体育念念不忘。12岁那年，他进入北京残疾人游泳队，两年后（2001年）在"全国残疾人游泳锦标赛"上夺得两金一银，2005年、2006年又连续两年获得"全国残疾人游泳锦标赛"百米蛙泳项目的冠军。

但从事体育运动毕竟不能长久，他又开始了其他方面的探索学习。他16岁时学习用脚打字，并在2010年创造了一分钟用脚打字251个英文字母的世界纪录。19岁时，他开始练习用脚弹钢琴。练琴的艰辛超乎了常人的想象。由于大脚趾比琴键宽，按下去会有连音，并且脚趾无法像手指那样张开弹琴，刘伟硬是琢磨出一套"双脚弹钢琴"的方法。每天七八个小时，练得腰酸背疼，双脚抽筋，脚趾磨出了血泡。

一年后，刚学了一年钢琴的刘伟就上了北京电视台的《唱响奥运》节目。三年后，刘伟的钢琴水平达到了专业七级，并最终在维也纳金色大厅里留下了优美感人的旋律。2011年，刘伟当选感动中国年度人物。

⭐ 从刘伟的人生经历中，谈谈你对人生发展不会是一帆风顺的理解。

天有不测风云，人有旦夕祸福，每个人的人生之路都不会是平坦的，挫折与困难都不可避免。当命运的绳索无情地缚住双臂，当旁人的目光叹息生命的悲哀，刘伟依然执着地为梦想插上翅膀，用双脚在琴键上谱写自己的人生。

许多毕业生在求职中不切实际，总想一步到位，遇到一点困难就打退堂鼓，使自己的发展处于停滞状态。其实任何人的成功，无不经历了艰苦的磨难和失败的考验。在人生发展中我们要保持积极进取的精神，准备走曲折的路。进取心是人生发展永不停息的内在推动力，有了积极进取的精神，才能激励人们勇于克服一切困难，不断向自己的目标迈进。强烈的进取心可以将我们生命的潜能发挥到极致，可以使我们有勇气面对一切困难和挫折。中国特色社会主义的建设，为青年一代开辟了广阔的人生发展之路，我们任重道远，只有奋力拼搏，积极进取，才能承担起历史重任，通过自身的发展推动社会前进。

> 奋斗的道路不会一帆风顺，往往荆棘丛生、充满坎坷。强者，总是从挫折中不断奋起、永不气馁。
>
> ——习近平

2. 发展是前进性和曲折性的统一

1814年，年仅33岁的史蒂芬森，好不容易研究出世界上最早的可以在铁路上行驶的蒸汽机车，但它其貌不扬，丑陋笨重，走得很吃力，像个病魔缠身的怪物。面对构造简单、震动厉害、速度缓慢的这个怪物，有人驾着一辆漂亮的马车，和火车赛跑，讥笑他："你的火车怎么还没有马车快呀？"各种议论、讥笑、打击接踵而来。然而，史蒂芬森却泰然处之，他坚信火车一定能够超过马车。他以科学的态度，正视火车的缺陷，做了一系列改进和革新。

1825年9月，史蒂芬森又要进行试车表演了。有一个好胜的人又骑着一匹快马，跑在车头前面，他以为这台烧火的铁家伙一定追不上他的骏马。蒸汽机车出站不远，史蒂芬森就发出了警告信号。那个人哪里肯听，照旧纵马扬鞭地奔驰，可是只听得后面轰隆轰隆的声音越来越近了。这时他才知道了这匹"钢铁巨马"的威力，不得不让出轨道，服输了。

200多年过去了，今天，马车仍然按着原速转动着它的轮子，而火车却在飞速前进，高铁的时速已达几百公里。

⭐ 结合上述事例，说明事物发展是前进性和曲折性的统一。

任何事物的发展都是前进性与曲折性的统一。事物发展的总趋势是前进的、上升的，但是它的发展道路是波浪式前进和螺旋式上升的，即在前进中有曲折，在曲折中有前进。

事物发展的总趋势是前进的、上升的。由于新事物克服了旧事物当中消极不合理的因素，又吸取和保留了旧事物当中积极合理的因素，因而具有更充实、更丰富的内容，具有更大的优越性和更强的生命力。所以，在事物波浪式或螺旋式的发展当中，体现着事物发展中不可遏制的前进、上升的趋势。

事物发展的道路是曲折的、波浪式的。新事物不能脱离旧事物孤立地实现自我发展，它是在旧事物的母体中产生发展和壮大起来的，它既要同旧事物展开斗争，同时又要从旧事物

前途是光明的，道路是曲折的。
——毛泽东

中汲取有利于自身发展的东西，而旧事物总是要限制、阻碍新事物的成长。因此，新事物的发展不会是一帆风顺的，它要通过同旧事物的反复较量向前发展，总是波浪式地向前发展的。

总之，我们要理解和掌握发展是前进性和曲折性相统一的观点，在前进中看到曲折、在曲折中看到前进，按照事物发展的规律办事。

3. 以积极心态面对人生境遇

"双腿截肢了，我依然能跳舞！"这坚定的声音来自一位年轻的舞蹈教师。面对灾难，她选择了坚强：用残缺的肢体在鼓上演绎力与美。

2008年5月12日，在那场大地震的灾难中，廖智失去了深爱的女儿、慈祥的婆婆，也失去了自己的双腿。经过这场生死劫难，她开始明白一个词语——坚强。

虽然失去双腿，但廖智并没有放弃舞蹈梦想。截肢康复治疗后不久，她便开始了舞蹈基本动作训练。一跪在地板上，钻心的疼痛让她汗流满面，每次练习下来，一晚上都腰酸背痛。训练如此辛苦，但她从未放弃。

2013年4月，雅安地震后，廖智立刻奔赴抢险救灾一线，她觉得在这样的危难时刻，她必须和家乡人民站在一起，奉献自己的绵薄之力。她戴着假肢送粮、送衣、送发电机、搭帐篷，通过义演为家乡灾民捐款捐衣，鼓舞跟她一样遭遇不幸的人。"我希望用我独特的生命去影响更多的生命，我相信这是上天让我活下来的目的！"

⭐ 结合廖智能够重新站立开始新的人生、新的生活的经历，谈谈我们应如何以积极心态面对人生逆境。

顺境和逆境都是对人生的考验。人生是一个不断向前发展的过程，这种向前也是在前进中有曲折，在曲折中有前进。因此，在人生发展的过程中，不可避免会有顺境和逆境两种不同的境遇。

不仅人生有顺境和逆境，一个民族、一个国家、一个政党在自己的发展中，也都会经历顺境和逆境。我们中华民族是一个历经磨难、不屈不挠的伟大民族，中国共产党是为了实现中华民族的伟大复兴而前赴后继、英勇奋斗的党。党的十九大报告指出，党成立至今，"九十六年来，为了实现中华民族伟大复兴的历史使命，无论是弱小还是强大，无论是顺境还是逆境，我们党都初心不改、矢志不渝，团结带领人民历经千难万险，付出巨大牺牲，敢于面对曲折，勇于修正错误，攻克了一个又一个看似不可攻克的难关，创造了一个又一个彪炳史册的人间奇迹"。这是对中国共产党英勇奋斗历史的高度而深刻的概括。对于中国共产党人来说，当革命处于逆境、低潮的时候，当反动势力气势汹汹镇压革命人民的时候，也正是考验我们党的革命意志的时候。正因为有崇高的革命理想和坚强的革命意志，中国共产党才能带领中国人民战胜无数的困难，取得今天的伟大胜利。

顺境为人生发展提供机遇和有利条件。顺境可以让个人的才能得到自由充分的发展，但顺境也容易使人沉浸于安逸，缺乏危机感与奋斗的动力，这些恰恰是导致人生失败的因素。因此，在顺境面前，要居安思危，有忧患意识，善于抓住机会、创造机会，促进自身发展。

逆境可以磨炼人的意志。逆境可能阻碍我们的人生发展，使我们受到一时的挫折，但同时逆境也是促使人奋发向上的动力，是锻炼一个人意志的火炉。逆境可以帮助人正确认识自己，可以积累人生经验，也可以催人奋进。当你认识到逆境只是人生的一个暂时的阶段时，你已走在了前进的道路上。

> 今天，新时代中国青年处在中华民族发展的最好时期，既面临着难得的建功立业的人生际遇，也面临着"天将降大任于斯人"的时代使命。
>
> ——习近平

吴建早、吴建智兄弟俩是某职业学院2018级学生，一个身残志坚，用双脚"敲开"了大学的门；一个不离不弃，一双手两个人用，支撑起兄弟俩的生活和梦想，用行动诠释了最真挚的手足情。

哥哥吴建早小时候被高压电流击中永失双臂，吴建智从小就帮助哥哥做一些力所能及的事，穿衣、洗漱、吃饭、上厕所……十几年如一日地照顾着哥哥的生活起居。兄弟俩一起读完了小学、初中、高中，一直是同班同桌，因为形影不离，他们被同学称为"影子兄弟"。

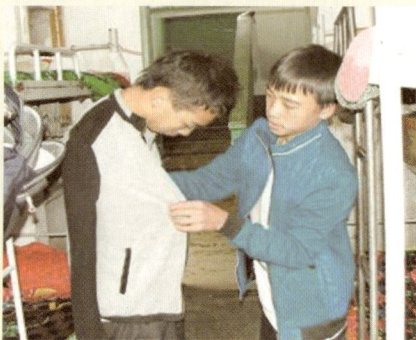

"我要好好上学，学一门技术，以后能养活自己。"吴建早从上小学的第一天起，遇到再多的困难也没想过退学。在他看来，这是唯一不拖累弟弟和家庭的选择。2018年，两个人同时参加高考，高分的弟弟为了能继续照顾哥哥，放弃了更好的学校，选择和哥哥在一所学校就读。吴建智说："一辈子的路还很长，我愿意一直做哥哥的双臂，帮助他完成自己的梦想。"2019年，吴建智被授予第七届"全国道德模范"称号，并受邀参加了表彰活动，他还曾获得过云南省美德少年、全国美德少年、感动中国2018年度人物候选人、云南好人、云南青年"五四"奖章、全国大学生年度人物候选人等荣誉。

在人生发展过程中，顺境和逆境经常是互相贯通、互相转化的。顺境时要有忧患意识，在顺境中，如果安逸懈怠、骄奢放纵、不思进取，顺境也会变成逆境；而在逆境中奋斗崛起，逆境可以变为顺境。

　　人生在世，谁都会遇到困难和挫折。尽管大多数同学都有着良好的成长和发展环境，然而在人生的道路上，每个人都难免会遇到困难，遭遇挫折。我们要将逆境和挫折视为进步的阶梯，用乐观的态度来对待，调动身心各方面的潜能，消除挫折的消极影响。一个人身处顺境，如果心态不正常，可能会止步不前，甚至坠入深渊；身处逆境，如果有积极的心态，就有可能柳暗花明。因此，用辩证发展的观点看问题看人生，使自己拥有积极的心态，这是我们走向成功的关键。

感悟 与 体验

1. 动物学家的实验表明，狼群的存在使羚羊变得健壮，如果没有狼群的威胁，羚羊在舒适的环境下会变得弱不禁风，一旦遭遇狼群，很难脱险。这一现象也同样适用于人类，只有经历磨难，人才能增长智慧、能力和勇气，才能担当重任，有所作为。

⭐ 结合自己的成长经历，思考如何正确对待顺境和逆境，并开展小组讨论。

2. 参考以下问题，组织一次主题班会或活动。

⭐ 你最喜欢的榜样（英雄）是谁？他的成长经历带给你的启示是什么？

⭐ 进取心给你带来过什么？

⭐ 面对逆境，你的处理态度是怎样的？

3. 观察身边比我们困难的人们的生活态度，开展志愿活动，帮助他们，与他们交心，撰写小论文《我看人生挫折》，不少于600字。

第六课 | 矛盾观点与人生动力

唯物辩证法认为，物质世界是普遍联系和变化发展的，而联系的根本内容、发展的根本动力是矛盾。矛盾就是对立统一，是指事物之间或事物内部各要素之间对立和统一及其关系的基本范畴。矛盾具有普遍性和特殊性，事物的发展是内因和外因共同作用的结果。学习掌握事物矛盾运动的基本原理，要求我们要全面地看问题，不断强化问题意识，积极面对和化解前进中遇到的矛盾。

现代科技和经济社会的发展大大改变了人们的生活方式，但也带来了很多新的问题。汽车使人的出行更为便捷，但过多的汽车造成了城市交通拥堵、交通事故上升，还造成了环境污染。互联网的使用，不仅方便了信息获取和人际沟通，而且可以进行网络购物、网上交易。但同时，信息垃圾、虚假信息、网络诈骗、黑客侵袭等问题也让人烦恼。

看来凡事都有两面性，社会发展是这样，人生发展又何尝不是如此？唯物辩证法不但揭示出矛盾无处不在、无时不有，而且告诉我们要用积极的态度对待和解决矛盾。我们学习唯物辩证法，掌握正确的辩证矛盾的观点，就不应害怕矛盾、回避矛盾，要学会正确看待矛盾、分析矛盾、解决矛盾、驾驭矛盾，推动事物的发展和人生的发展。

一、矛盾是人生发展的动力

1. 人生发展中的矛盾不能回避

随着我国经济建设的不断加快，社会急需大量的高素质技术技能人才。具有较强操作能力、社会能力、发展能力的人才越来越受到青睐，而那些专业知识技能单一、社会适应力差、综合能力不强的人在市场竞争中则处于劣势。一方面，企业对劳动者的要求越来越高；另一方面，我们自身在知识、能力、品格等诸多方面还存在着很大的差距。不断完善自己，提高自身的综合素质，以适应社会的发展需要已经成为摆在我们面前刻不容缓的问题。

⭐　结合上面的社会现象，谈谈我们应当如何面对社会需求与自身现状之间的矛盾。

人的一生是在不断产生矛盾、不断解决矛盾中度过的。回想自己成长的道路，会发现在生活中的各个方面，我们都经历过一个又一个的矛盾，解决了一个又一个的问题。现在的生活中依然还有许多的矛盾和问题等待我们去解决。将来毕业走上社会，参加工作，也会有各种复杂的矛盾等待着我们。比如，工作中的成绩与困难；人际交往中与领导、同事、服务对象之间的关系处理；生活中的恋爱、婚姻、家庭问题等。大到人生决策，小到日常琐碎事务的处理，无不充满着矛盾。

生活本身充满矛盾，人生就是一个必定要经历各种各样矛盾的历程。即将步入职业岗位的青年学生，首先面临的就是社会需求与自身现状之间的矛盾，这一矛盾我们是回避不了的，也是必须面对和解决的。既然人生回避不了矛盾，就有一个如何认识矛盾，用什么样的态度对待矛盾，用什么方法解决矛盾的问题。

2. 矛盾是事物发展的源泉和动力

从1918年造成近亿人丧生的西班牙大流感，到2009年全球大流行的甲型H1N1流感，再到2013年发现的H7N9禽流感，人类和流感之间的"道魔之争"纠缠已久。流感带给人们恐惧的同时，也推动了医学研究乃至整个自然科学领域的巨大变革和发展。随着医学技术的发展及医学界对流感认识的深入，新的流感疫苗不断被研发出来，人们对流感的预防越来越科学。人类与流感之间的抗争是永远持续存在的，在这一过程中，公共卫生事业得以发展，医疗水平不断提高，人们的健康意识不断增强，文明的卫生习惯和生活方式也日益深入人心。

⭐ 上述材料中两个相互对立和斗争的方面是什么？

⭐ 它们的彼此斗争带来了什么结果？

　　唯物辩证法的矛盾学说告诉我们，世界上一切事物的内部都包含着两个方面，这两个方面既相互排斥和对立，同时又相互依赖和统一。哲学上把事物自身包含的这种既对立又统一的关系叫作矛盾。世界上没有不包含矛盾的事物，没有矛盾就没有世界。

相关链接

　　哲学上所说的矛盾是指辩证矛盾，是任何事物或过程自身所具有的相互斗争、相互分离、相互依存、相互转化的运动趋势和状态。如课堂中的教与学、比赛中的进攻与防守、经济发展中的竞争与合作、社会生活中的纪律与自由等，这种客观存在的现实矛盾就是辩证矛盾。

　　一讲到矛盾，我们很容易联想起中国古代寓言"以子之矛攻子之盾"的故事。这个故事说的是此人说话在逻辑上自相矛盾，这里讲的"矛盾"是一种逻辑矛盾，是指人们在叙述问题时出现的前后抵触、不一致的现象，是思维中逻辑混乱的表现，是一种认识上的逻辑错误，应予以排除。而哲学上讲的矛盾，不是主观思维中出现的逻辑矛盾，而是不论在自然界、社会还是在人生过程中，都无处不在的客观的矛盾。

我的矛能刺穿所有的盾。

任何矛都不能刺穿我的盾。

"自相矛盾"的故事

矛盾的现象早就被古今中外的哲学家注意和研究了。在我国的传统哲学中，有丰富的关于矛盾辩证法的思想。中国古代的哲学家很早就提出了"物生有两""万物莫不有对"的思想，认为事物往往是成双成对出现的。在老子五千言的《道德经》中，就有关于阴阳、有无、大小、强弱、动静、正反、生死、存亡、兴废、美丑、善恶、攻守、治乱、古今等一系列相对相反的概念。老子指出，"有无相生，难易相成，长短相形，高下相倾，音声相和，前后相随"，即事物都是相反相成的，各以其对立面为自己存在的前提。

矛盾是由彼此对立的双方构成的，正因为矛盾的双方在一定的条件下共处于一个统一体当中，事物才能存在和发展。俗话说的"不是冤家不聚头"，就是说对立的双方既是相互斗争、相互排斥的，又是相互联系、相互依赖的。对立是统一中的对立，统一是对立中的统一。由于矛盾的斗争性和矛盾的统一性相互联结，对立的双方又统一又斗争，才推动了事物向前发展。因此，矛盾（既对立又统一）是事物发展的源泉和动力。

吸引和排斥的相互作用，推动了天体的运动和演化。同化和异化、遗传和变异的相互作用，推动了生命运动的发展和进化。人类社会也是由于生产力和生产关系、经济基础和上层建筑的相互作用才不断发展的。正确认识与错误认识的相互作用，是推动人们思想前进的动力。这些现象揭示着辩证法的一个重要道理，即事物的矛盾推动着事物的运动、变化和发展。人生矛盾是人生中各种关系、各种因素之间的对立统一，处理这些矛盾的过程也是人生发展的过程。正是由于这些矛盾不断整合与裂变、共生与摩擦，将人磨砺成熟。人生在不断解决矛盾中度过，矛盾也是推动人生进步的源泉和动力。

矛盾存在于一切事物之中，无论在自然界、人类社会或是在人们的思维领域，事事有矛盾。矛盾也贯穿事物发展过程的始终。事物从开始萌芽，到发展壮大，再到走向灭亡，每时每刻都存在着矛盾。旧的矛盾一经解决，新的矛盾就会产生，时时有矛盾。矛盾的这个特点称为矛盾的普遍性。

世界上的事物虽然都有矛盾，但是每个事物的具体矛盾各不相同。我们生活的世界之所以千差万别、纷繁复杂，正是因为事物所包含的矛盾具有不同的特点。事物是不断变化发展的，其包含的矛盾也在不断地变化和发展，在事物不同发展阶段的矛盾也各有各的特点。矛盾的这个特点称为矛盾的特殊性。

改革开放40多年来，中国社会处于快速发展中，中国社会的主要矛盾也在发生阶段性的变化。因此，要认识和把握我国的基本国情，必须密切关注和认识社会发展的阶段性特征，深入分析和认识社会主要矛盾阶段性转化的特点。党的十九大报告指出："中国特色社会主义进入新时代，我国社会主要矛盾已经转化为人民日益增长的美好生活需要和不平衡不充分的发展之间的矛盾。"人民美好生活需要日益广泛，不仅对物质文化生活提出了更高要求，而且在民主、法治、公平、正义、安全、环境等方面的要求日益增长。同时，我国社会生产力水平总体上显著提高，社会生产能力在很多方面进入世界前列，更加突出的问题是发展不平衡不充分，这已经成为满足人民日益增长的美好生活需要的主要制约因素。在中国特色社会主义进入新时代的重要历史阶段，党中央作出我国社会主要矛盾发生转化的重大政治论断，体现了党对当今中国社会发展阶段性特征和中国社会主要矛盾的阶段特殊性的深刻而科学的认识，是对唯物辩证法的科学运用，为制定党和国家的大政方针、长远战略提供了重要依据。

学习唯物辩证法关于矛盾对立统一的观点，要求我们：第一，要坚持"两点论"，学会一分为二地和全面地看问题。既然任何矛盾当中都包含两个方面而不是一个方面，那么，要全面地看待事物，就要掌握"两点论"的分析方法，即对任何事物都要坚持两分法，既要看到矛盾的一个方面，又要看到矛盾的另一个方面。如果看问题只看一个方面，丢掉或否认另一个方面，就叫"一点论"。"一点论"是形而上

学、片面地看问题的方法。第二，要
坚持从对立统一的相互作用中把握和
解决矛盾，促进事物的发展。在对待
事物的发展中，既要看到矛盾双方的
对立、差别和不同，又要看到矛盾双
方的相互依赖和互相贯通，既要看到
矛盾双方的对立性，又要看到矛盾双

> 问题是事物矛盾的表现形式，我们强调
增强问题意识、坚持问题导向，就是承认矛
盾的普遍性、客观性，就是要善于把认识和
化解矛盾作为打开工作局面的突破口。
>
> ——习近平

方的统一性。只有从对立统一的相互作用中把握和解决矛盾，才能找
到解决和处理矛盾的正确方法，促进事物的发展。

3. 积极面对和解决人生矛盾，促进自身发展

蔡桓公讳疾忌医的故事非常生动地说明了掩盖矛盾、回避矛盾的危害。
生活中有些人总希望自己周围没有矛盾，不愿意承认矛盾的存在，甚至是遇
到矛盾绕着走。

⭐ 矛盾会因为我们否认它、回避它而消失吗？

⭐ 我们应该怎样看待矛盾？

积极面对和解决人生矛盾，首先要敢于承认矛盾、正视矛盾。矛
盾是一切事物所固有的，不以人们的主观意志为转移，不会因为我们惧
怕它、回避它而消失，也不会因为我们任意夸大或缩小它而改变。我们
要积极地面对矛盾，不能害怕、回避和掩盖它。人的一生，就是生活在
种种矛盾中，没有矛盾的生活状态是不存在的。社会的进步是在不断解
决各种矛盾中实现的，人的一生也是一样。我们不仅不能逃避人生中的
矛盾，还要清楚地认识到人生矛盾是推动人生发展的动力，要以此为契
机，在解决矛盾的过程中推动人生发展。

积极面对和解决人生矛盾，就要全面分析矛盾。要看到矛盾的两
个面，不能只看一面而忽视另一面。对自己也要进行全面的分析，要
看到自己的优势，也要看到自己的劣势。在确立自己的人生目标的时
候，要看清现实与理想的矛盾。只有从对立统一的相互作用中把握矛

盾，才能找到解决和处理矛盾的正确方法。

任何事物都有两面，全面地看问题是指要看到矛盾的两个方面。片面地看问题是指只看一面，不看另一面，是思想方法上的片面性和绝对化。如对人对事肯定一切或否定一切；在学习、工作中只看见顺利条件或只看到困难因素；在生产中只注重经济效益而忽视环境保护；等等。一旦陷入了片面性，看问题做事情就会以偏概全，就会走极端。所以，看待问题或者处理事情，都要用全面的观点，切忌片面性。

积极面对和解决人生矛盾，要对具体问题进行具体分析，找出解决矛盾的正确方法。"对症下药""量体裁衣""因材施教""因地制宜"等成语，就说明了这个道理。国家的发展道路不能照搬，人生的发展道路也是一样。人人都渴望成功，但是，每个人生活的时代、背景不同，个体也有差异。我们可以学习他人取得成功的经验中具有普遍性的内容，却无法复制他人的具体成功方式中一些具有特殊性的东西。

面对事业上的坎坷，是怨天尤人地终日悲叹，还是乐观豁达地从容面对？苏轼对于人生矛盾的处理让他成为中国历史上少有的全能型文坛领袖和锐意改革的政治家。面对身体上的残疾，是放弃自己还是砥砺自己？海伦·凯勒对于人生矛盾的处理让她成为举世敬仰的作家和教育家。面对疾病的折磨，是悲观死去还是笑对不幸？贝多芬对于人生矛盾的处理让他创作出不朽的《命运交响曲》，享誉世界。当矛盾来临的时候，每一次选择都是人生的一次跨越。

有矛盾有风险本身并不可怕，关键要有化解矛盾和排除风险的决心和办法，不能在困难和挑战面前束手无策、无所作为。

——习近平

敢于直面人生中各种矛盾，乐观地接受它的洗礼、陶冶、摔打的人是生活中真正的强者；相反，掩盖矛盾、回避现实，畏缩、逃避、屈服、丧志的人则是懦夫。要以宽宏豁达的心态和高瞻远瞩的目光看待社会、看待世界，直面人生境遇中各种矛盾的挑战，以积极的态度对待人生矛盾，以自身的发展争做生活的强者。

二、坚持内外因相结合，促进人生发展

1. 人生发展不能只靠外部环境

　　2015年，聂凤在巴西举行的有"技能奥林匹克"之称的世界技能大赛上，作为中国的唯一代表，一举夺得美发行业冠军，实现中国美发行业世界级奖项零的突破。凭借这个成绩，她不仅享受到了和奥运会冠军同等的待遇，还破格成为副教授，享受国务院政府特殊津贴。

　　聂凤出生在重庆一个普通家庭，家里没有一个人从事美发行业，但聂凤却深深地爱上了这一行。仅有初中文凭的聂凤，在理发店里从洗头妹做起。她说，自己纯粹出于爱好，洗头仅仅是第一步，当大师才是她的终极梦想。下班后，她就疯狂地在网上搜罗有关美发大师和美发行业的信息。她以极大的诚意拜重庆美发行业的领军人物——何先泽为师，并进入了何老师所在的技工学校就读。

　　在成为何老师的弟子后，由于底子薄，聂凤搬进了何老师的工作室，每天上完课后便在工作室里进行封闭训练。每天操作几个甚至十几个小时，一天下来脚几乎都是麻的。3年没有寒暑假，没有休息日，甚至连春节都没有。名师的带领加上自身不懈努力，聂凤很快就在何先泽众弟子中脱颖而出，并入选国家队参加世界技能大赛。

　　⭐ 促成聂凤成功的原因都有哪些？你认为最重要的原因是什么？

　　矛盾是事物发展的动力，矛盾着的双方既对立又统一的关系，推动了事物的运动、变化和发展。在具体分析推动事物发展的矛盾的时候，我们会发现任何具体事物的发展都是由多种矛盾引起的，其中既有事物内部的矛盾，又有事物外部的矛盾。聂凤的成功，离不开学

校、老师及家庭为她创造的条件，特别是名师的指点，但仅有优良的外部条件是远远不够的，还依赖于她对美发的兴趣和热爱及刻苦的训练。

要进一步理解事物的发展，把握人生的进程，我们还需要进一步研究内部矛盾与外部矛盾的辩证关系及其对事物发展的作用。

2. 事物的发展是内因外因共同作用的结果

2008年，我国成功举办了奥运会，收获了鲜花、奖牌和赞誉。分析其原因，不难看出，我国经济的快速发展使得综合国力大幅度跃升，国际地位不断提高，这是成功的保障。绿色奥运、科技奥运、人文奥运的理念，成为北京奥运会最鲜明的特色，这是成功的关键。各部门统筹协调、加强配合，举全国之力，同舟共济，这是成功的强大力量。全国各族人民倾注了巨大的热情，给予了强大的支持，展现出昂扬向上的精神风貌和热情友好的东道主风采，这是成功的依靠。最终，中国运动健儿顽强拼搏创造了历史最好成绩，诠释了奥林匹克精神。另外，我国也得到了国际奥委会、各国政府和人民以及国际赞助商的支持和配合，无论是火炬的接力传递、志愿者招募及会徽、主题口号、吉祥物征集，还是奥运场馆设计和建造，都凝聚了全世界人民的智慧和心血、支持和热情。悉尼奥运会和雅典奥运会的经验也为我们提供了很好的参照和借鉴。

⭐ 我国奥运会成功举办的内部条件和外部条件有哪些？

⭐ 这些因素所起的作用是一样的吗？

哲学上把事物内部的对立统一，即事物的内部矛盾，叫作内因。把事物与其他事物之间的对立统一，即事物的外部矛盾，叫作外因。事物的变化发展是内因和外因共同作用的结果。但是，内因和外因在事物发展中的地位和作用却是不同的。

内因是事物变化发展的根据。事物的变化发展，主要是由事物的内部矛盾引起的。事物内部矛盾的双方既互相依赖又互相斗争，斗争的结果使矛盾双方的地位、力量发生变化，从而推动事物的运动、变化和发展。

相关链接

唯物辩证法认为，矛盾是事物发展的动力，事物的内部矛盾是事物发展变化的根本原因。与唯物辩证法相对立的形而上学观点则否认事物内部矛盾的存在，把事物变化的原因归结为外部力量的推动。例如近代西方有的哲学家认为，炎热国家的人民，就像老头子一样怯懦，寒冷国家的人民，则像青年人一样勇敢。这种观点认为一个国家人民的心理素质完全是外部气候决定的，因而是片面的。

外因是事物变化发展的条件。虽然内因是根本原因，决定事物的性质和发展方向，但仅有内因，事物也不可能发展。任何事物都和周围的其他事物相互联系着，孤立的事物是没有的，因此事物要发展还必须具备一定的外部条件。外因是事物变化发展的必要条件，能够加速或延缓事物的变化发展。

事物的发展过程中内外因二者缺一不可。一个人是不是健康成长，起决定作用的是他自己，但是也会受到其他外界因素的影响，与学校、家庭、社会是分不开的。孟母三迁的故事告诉我们环境对于一个人成长的重要性。这些都说明外因虽然对事物的发展不能起决定作用，但也会影响事物的发展。

外因通过内因起作用。外因对事物发展的作用，表现在对事物内部矛盾的影响上，即通过促使内部矛盾双方的变化而推动事物的运动、变化和发展。因此，外因必须通过内因才能起作用，绝不可能撇开内因而单独起作用。金钱地位、贫苦穷困、权势武

鸡蛋因适当的温度而变化为鸡子，但温度不能使石头变为鸡子，因为二者的根据是不同的。

——毛泽东

力可以使意志薄弱者迷失方向，但对于意志坚强者却无能为力，其原因就在于外因必须通过内因才能起作用。

3. 正确处理自身努力和外部条件的关系

提升自身素质是自我增值也是人生成功的必经之路。我们要意识到，开放的、竞争的、充满生机的社会，要求我们具备社会交往的能力，竞争与合作的意识和能力，获取、筛选、处理信息的能力，高水平的文化科学素质，发展创新、开拓进取的精神以及高度的法治观念和道德水平。

努力提升自身素质

⭐ 运用内外因关系原理，说明中职生努力提升自身素质的重要性。

内因和外因在事物发展过程中同时存在，在分析矛盾解决问题时，就要坚持内因和外因相结合的观点。

首先，要重视内因的作用。内因是根据，个人成长首先要靠自己的主观努力，要积极发挥自己的自觉能动性，提升个人素质。"师傅领进门，修行在个人。"再好的条件也不能代替个人的努力，人生的道路要靠自己走。所以，一个人进入社会，不论在什么单位、什么岗位工作，提高自身素质是获得人生发展的关键因素。

其次，不能忽视外因的作用，外部环境对于个人成长起着非常重要的作用。人生成长路上有很多的客观条件无法选择，如家庭背景、出生地、成长的时代等，但有些条件是可以自由选择的，如结交的朋友、学习的榜样等。要努力争取和创造有利于自己成长的外部条件来发展自己，获得人生的进步。

　　《孔子家语》中说道："与善人居，如入芝兰之室，久而不闻其香，即与之化矣；与不善人居，如入鲍鱼之肆，久而不闻其臭，亦与之化矣。"意思是和品德高尚的人交往，就好像进入了摆满芳香芝兰花的房间，时间久了就闻不到花的香味了，这是因为自己已经与花香同化。和品行低劣的人交往，就像进入了卖臭咸鱼的店铺，久而久之就闻不到臭味了，这也是因为自己与臭味融为一体了。孔子的这段话告诫人们：必须要谨慎选择相处的朋友和环境，因为他们会对我们的成长产生极其重要的影响。

　　最后，要把内因和外因结合起来。个人成长过程中，自身努力即为内因，外部条件即为外因。要把实现人生发展放在自身努力之上，用有利的外部条件来激发自己的潜能，不断调整和充实自己，不断增强自己的综合素质。只有提高自身素质和能力，才能把握机遇，实现人生的发展。

　　人生的路是自己走出来的，既要努力提高自身素质，又要想办法创造良好的外部环境，处理好自身努力与外部条件的关系，只有这样，才能促进人生发展，创造出自己理想的人生。

感悟 与 体验

1. 你知道键盘上字母排列顺序的来历吗？在19世纪70年代，肖尔斯公司是当时最大的专门生产打字机的厂家。由于当时机械工艺还不够完善，字键在打击之后的弹回速度较慢，打字时击键速度太快就容易使两个字键重叠在一起，分开它们非常影响打字的速度。为此，公司常接到客户的投诉。为了解决这个问题，肖尔斯公司的设计师和工程师们非常伤脑筋，因为实在没有办法再加快字键的弹回速度。后来一位聪明的工程师指出，打字机绞键的原因，一方面与字键的弹回速度有关，另一方面也跟打字员的击键速度有关。既然我们无法提高字键的弹回速度，为什么不想法减慢打字员的击键速度呢？公司重新安排了26个字母的排列顺序，把比较常用的字母放在比较笨拙的手指下，而那些不常用的字母则放在比较灵活的手指下面。比如常使用的字母A，就把它放在左手的小手指下，V、R、U等这些使用频率较低的字母则用最灵活的食指来操控。这样就解决了打字机绞键的问题，打字机很快普及起来。后来由于材料工艺的发展，虽然字键的弹回速度已远远快于打字员的击键速度，但打字机键盘字母的排列顺序没有变动，直到今天人们还使用着。

⭐ 用事物发展的根本原因在于事物内部矛盾性的原理，结合以上事例，思考打字机的普及是怎样在解决自身内部的矛盾中实现的。联系你生活中遇到的重要事情，用对立统一的方法重新思考一下应该怎样处理。

2. 开展研究性学习活动，针对生活中的矛盾现象，自拟研究课题，分析矛盾，找出解决矛盾的方法，提出解决方案。

⭐ 用生活中成功人生的典型事例，组织一次学习、演讲活动，从中发现走向成功的动力。

3. 用自评和小组评议相结合的方法，分析一下我们每个人的优点和强项。说说你喜欢做和能做得好的事。

第三单元 /

坚持实践与认识的统一——
提高人生发展的能力

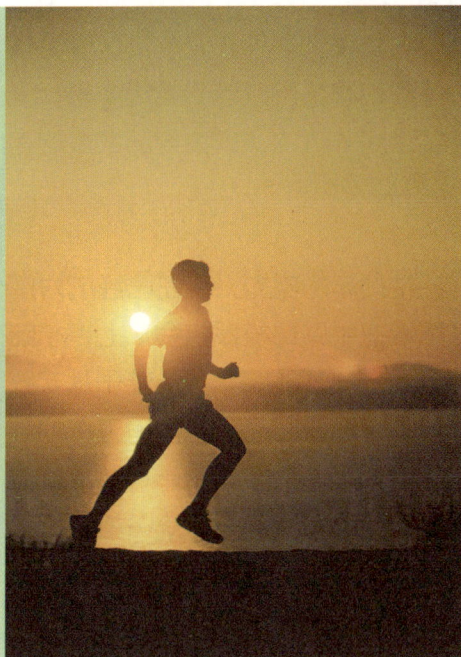

博学之，审问之，慎思之，明辨之，笃行之。

——《礼记·中庸》

    在实际生活中，我们要科学认识问题、正确解决问题，必须广泛学习、勤于思考、明辨是非、执着而行。但是，大量的事实表明，由于每个人人生发展能力的差异，人们认识事物和解决问题的效果却大相径庭。那么，造成人生发展能力差异的原因是什么？如何提高人生发展的能力，科学认识事物、正确解决问题？这就需要我们以马克思主义认识论为指导，掌握科学思维方法，透过现象认识本质，勇于实践，善于总结，开拓创新，在知行统一中体验成功。

第七课 | 知行统一与体验成功

　　马克思主义认识论是以实践为基础的能动的反映论。马克思主义认识论认为，实践是认识的基础，实践出真知，人的正确思想最终只能从实践中来。人们在实践基础上形成的认识是一个辩证的发展过程，人的认识要经历实践的检验，并在实践、认识、再实践、再认识的过程中得到深化和发展。

　　小陆，某中职学校市场营销专业毕业，经过几年的努力，现在已经成为国内某著名公司的市场营销部门经理。在"优秀毕业生回母校报告会"上，小陆从"要熟练掌握有关营销的科学知识""要在实践中运用知识""要善于从实践中总结，特别是要从失败中吸取教训"三个方面介绍了自己从事营销工作的成功经验。

　　小陆的成功经验可以帮助我们很好地理解辩证唯物主义知行统一的认识论原理。人的正确认识既不是从天上掉下来的，也不是人的头脑中固有的，而是在实践中获得，并在实践、认识、再实践、再认识的反复循环和上升的过程中不断深化和发展的。每个渴望获得人生成功的青年学生都要积极投身实践，在实践中提高认识、增长才干。

一、在实践中提高人生发展能力

1. 能力和才干不是天生就有的

　　1972年初中毕业后，孔祥瑞到天津港当上了一名门吊司机。他把工作岗位作为课堂，把生产实践作为教材，把设备故障作为课题，把身边拥有一技之长的工友作为老师，勤奋学习、不断钻研。他根据自己文化知识功底浅的实际，给自己定了一个"自助餐"式的学习方法，就是缺什么学什么。他找来与设备有关的机械原理、液压、电工、材料等方面的书，不懂的就找技术人员请教。他有个记工作日志的习惯，小本子每天随身携带，设备出现哪些

故障、什么原因、修理过程、注意事项等
都一一记录在案。日积月累，一本本工作
日志成为他搞技术创新的资料库。岗位上
的刻苦钻研，使孔祥瑞在实践中攻克了一
个又一个技术难关，逐渐成长为一名专家，
成为全国劳动模范、全国"五一劳动奖章"
获得者、"感动中国2006年度人物"。

专注工作的孔祥瑞

⭐　从孔祥瑞由一名初中毕业的技术工人成长为"蓝领专家"的人
生历程，谈谈人生发展能力是如何形成的。

　　人生活在世界上，每天都要认识事物和解决问题，但是事实表明，
每个人认识事物和解决问题的能力是不一样的。每个人的能力大小不
同，判断事物和认识问题的效果就大不相同，从而影响了人生的发展。

相关链接

　　能力是人们顺利完成某种活动所必备的个性心理
特征。任何一种活动都要求参与者具备一定的能力，
而且能力直接影响着活动的效率。

　　依据标准不同，能力的分类也不同。根据能力影响范围的大小，
可将能力分为一般能力与特殊能力。一般能力适用于广泛的活动范围。
例如，观察力、记忆力、注意力、想象力、抽象思维能力等。特殊能
力是表现在某些专业活动中的能力，只适用于某种领域的活动范围。
例如，节奏感受能力、色彩鉴别能力等。

　　能力和才干不是天生就有的。能力是个性心理特征之一，不同的
人在能力方面存在着差异。除了本能之外，人生发展的各种能力都不
是先天形成的，只能从社会实践中产生。孔祥瑞的学习能力、思维能
力、创新能力等各种能力，都是在生产实践中形成并不断提高的。孔
祥瑞从一名技术工人成长为"蓝领专家"的人生历程告诉我们，只有

在实践中不断学习，才能不断提高能力、锻炼成才。

2. 实践出真知

◆ 一匹小马想要过河，它从松鼠口中得知水非常深，可老牛却告诉它水其实很浅。小马在妈妈的启发与鼓励下，决定亲自下河试一试水的深浅，最后发现水不深也不浅，于是顺利地过河了。

◆ 我国"杂交水稻之父"袁隆平曾讲过，他带研究生，首先一条就是要一起下田，因为电脑和理论是种不出庄稼的。他认为，不经过下田的实践活动，理论再精通，电脑操作再熟练，也是"门外汉"。

⭐ 结合"小马过河"的寓言故事和袁隆平带研究生的事例，说明"实践出真知"的道理。

你要有知识，你就得参加变革现实的实践。你要知道梨子的滋味，你就得变革梨子，亲口吃一吃。

——毛泽东

在日常生活中，我们经常思考一些问题，这实际上就是在进行认识活动。认识是人特有的现象，但人的认识既不是从天上掉下来的，也不是人脑里固有的，而是从社会实践中产生和发展的。

实践是人们改造客观世界的物质性活动，认识是人脑对客观事物的反映，但这种反映只有在实践中才能完成。

相关链接

人类的实践活动有三种基本形式：改造自然的生产实践、变革社会的实践、探索世界规律的科学实验活动。其中，生产实践是根本的实践活动。

实践活动与动物消极适应自然的本能活动有根本区别。实践有三个特点：第一，实践是客观的物质的活动；第二，实践是人的有意识、有目的的自觉能动性活动；第三，实践是社会的历史的活动，任何人的实践活动都是在既定社会环境中进行的。

人们虽然可以从书本中学习知识，但一切认识最终只能从实践中来，如果没有实践，人们的认识就是无源之水、无本之木。同时，实践的需要推动认识的产生和发展，不断提出新的认识课题，提供新的经验、新的认识工具和技术手段，提高人们的认识能力，从而推动认识的发展。

在学习实践和认识的关系时，老师让同学们以考驾照、学开车为例展开讨论。以下是某专业甲、乙、丙三位同学的观点。

甲：考驾照要先学习与驾驶有关的理论知识，只有理论考试过关，才有资格上车学习。这说明学习理论知识比参加实践重要。

乙：驾驶理论考得再好，如果不进行实际驾驶学习，也不会考出驾照，驾驶技术也不会提高。这说明参加社会实践比学习理论知识重要。

丙：学习驾驶理论知识是为了更好地指导驾驶，所以，要把学习理论知识和参加实践两者结合起来，不能对立起来。

⭐ 你赞同哪种观点？说说你的理由。

⭐ 结合漫画，说明必须坚持实践和认识的统一。

实践和认识是辩证统一的。一方面，实践决定认识，是认识的源泉和动力，也是认识的目的和归宿；另一方面，认识对实践具有反作用，正确的认识指导和推动正确的实践，错误的认识导致错误的实践。

时代是思想之母，实践是理论之源。经过长期努力，中国特色社会主义进入了新时代，这是我国发展新的历史方位。这个新时代，既与改革开放40多年来的发展一脉相承，又有很大的不同，面临许多新情况新变化。以习近平同志为主要代表的中国共产党人，就新时代坚持和发展什么样的中国特色社会主义、怎样坚持和发展中国特色社会主义，建设什么样的社会主义现代化强国、怎样建设社会主义现代化强国，建设什么样的长期执政的马克思主义政党、怎样建设长期执政的马克思主义政党等重大时代课题，提出一系列原创性的治国理政新理念新思想新战略，创立了习近平新时代中国特色社会主义思想。

可以说，党的十八大以来国内外形势深刻变化和我国各项事业快速发展提出了一系列重大时代课题，习近平新时代中国特色社会主义思想回答了实践和时代提出的新课题。实践和理论的逻辑就是：新时代提出新课题，新课题催生新理论，新理论引领新实践。党的十八大以来，党和国家各项事业之所以能开新局、谱新篇，根本上就在于有习近平新时代中国特色社会主义思想的科学指引。

认识与实践相统一是马克思主义的一个基本原则，它要求我们，既要积极参加社会实践，又要在实践中不断总结反思，提高认识水平、锻炼增长才干。

3. 读万卷书，行万里路

近年来，在我国南方某些地区的职业技术学校里悄然出现了一些"回炉"的大学毕业生，他们以前学的大都是国际贸易、管理、广告等颇为热门的专业，多是来参加各种技能的短期培训的。

"有学历、有能力才更具吸引力。"面对越来越严峻的就业和生存压力，学生学得一技之长，学到能在市场经济中遨游的真本领，才是硬道理。目前国内已有一些技校与高校合作，为高校学生开设选修课、实践基地课等，学生毕业时既能拿到学历证书，又能获得相应的技能资格证书。

⭐ 结合以上事例谈谈，作为中职生应当如何处理好读书与实践的关系。

青年要成长为国家栋梁之材，既要读万卷书，又要行万里路。

——习近平

中职生要健康成长，必须把读书与实践结合起来。"读万卷书，行万里路"的古训，启示我们在人生发展中，必须注重理论与实践的有机结合，既要广泛吸收书本知识，使自己具有广博、扎实的文化素养，又不能单纯地沉迷于书本，盲目地迷信书本，还必须广泛了解、认识和接触社会，并把书本知识应用于社会实践。

> 　　参加社会实践与学习书本知识是密不可分的。参加社会实践是理解和接受科学知识的基础，要真正理解书本上的知识必须参加实践。而学习科学知识可以克服自身实践的局限性并指导自己的实践。如果只读书而不实践，就会成为死读书、读死书的书呆子；如果只实践而不读书，就只会有一些狭隘的经验，其实践也只能处在较低的水平上。

　　中职生要健康成长，必须在实践中运用所学知识。学习知识的目的在于运用，中职生要积极投身实践，努力在实践中锻炼能力，增长才干。实践活动，对我们中职生来说，既有校内的，又有校外的；既有课上的，又有课下的；既有学校统一组织的，又有学生自发参加的。

中职生要在实践中运用所学知识

（1）模拟实践。在校园内，学生在教师的指导下模拟实际工作的场景、环节和要求进行职业训练，可以帮助学生加深对专业的认识，培养我们的职业技能和职业道德。

（2）课余实践。学生利用课余时间或假期，进行各种内容的社会实践活动，包括社会调查、社会服务、志愿者活动等。通过参加这些活动，受到自我教育，得到自我提高。

（3）专业实习。学校统一组织学生到专业工作岗位上进行实际工作的锻炼，让大家运用自己获得的知识和技能，进入工作角色，进行实际体验。

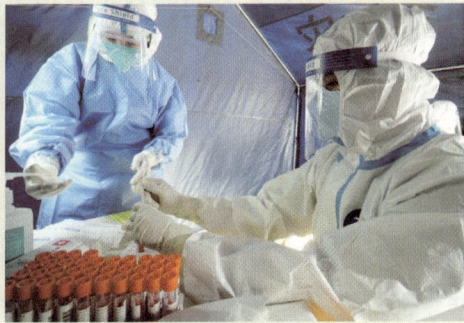

模拟实践　　　　　　　　　参加青年志愿者活动

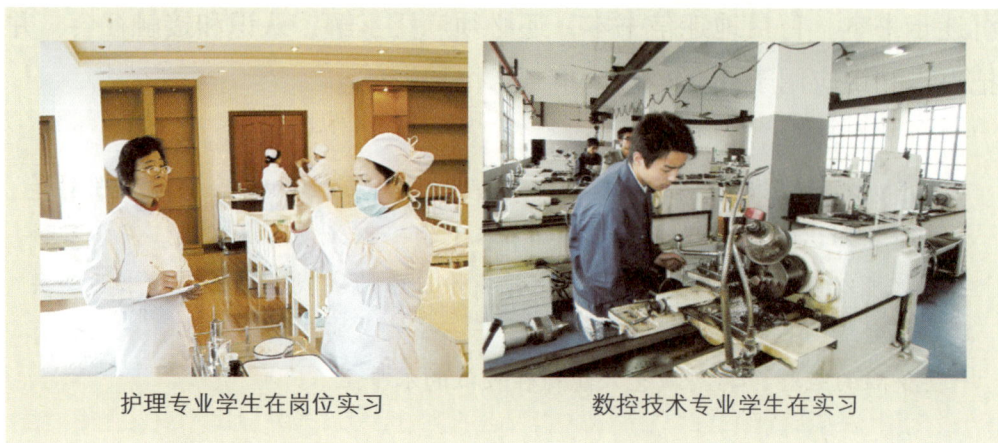

护理专业学生在岗位实习　　　　　数控技术专业学生在实习

　　中职生要健康成长，必须积极投身社会实践，同劳动群众相结合。人民群众是社会历史的主人，是改造自然、推动社会发展的决定力量。只要我们在社会实践中和人民群众结合在一起，就能避免"眼高手低、动手能力差"、思想方法片面化和理想化等问题，在为社会作出贡献的同时体验人生的成功。

二、在知行统一中体验成功快乐

1. 没有人能随随便便成功

> 在我心中曾经有一个梦
> 要用歌声让你忘了所有的痛
> 灿烂星空谁是真的英雄
> ……
> 不经历风雨怎么见彩虹
> 没有人能随随便便成功
> ……

　　上面选取的是《真心英雄》的几句歌词，这首耳熟能详的歌曲，道出了一个人生真谛：没有人能随随便便成功，成功与失败伴随着人生发展。

　　⭐ 请在欣赏《真心英雄》歌曲的同时想一想，为什么说成功与失败伴随着人生发展。

在人生发展的道路上，成功和失败总是相伴而生。可以说，成功与失败始终伴随着人类的发展，伴随着人生的发展，伴随着人们认识世界和改造世界的全过程。古今中外的成功人士都曾有过失败的经历，任何一项伟大的事业在成功之前也都有过失败的历程。

在日常生活中，当朋友要干一件事情之前，大家会送上"马到成功"之类的喜庆话；好友走上新的岗位，大家也忘不了说上几句"祝你成功"的祝贺语。人们绝不言及"失败"二字，哪怕说的是不会遇到失败、战胜失败之类的话，也会惹得大家不愉快。

其实，"万事如意""心想事成"之类的话只不过是人们的良好愿望而已。人生是美好的，但人生历程不是一帆风顺的。天下没有不经过任何失败就取得成功的人，更没有从未体验过失败的滋味永远成功的人。

成功与失败是相互依存、相互对应而存在的。成功与失败共同存在于人们的奋斗过程之中，没有成功，就无所谓失败；没有失败，也无所谓成功。失败与成功也是相互转化的。失败孕育着成功，成功常常是从失败中发展而来的；失败又造就了成功，失败是通向成功的途径。

青年在成长和奋斗中，会收获成功和喜悦，也会面临困难和压力。要正确对待一时的成败得失，处优而不养尊，受挫而不短志，使顺境逆境都成为人生的财富而不是人生的包袱。

——习近平

2. 认识具有反复性、无限性和上升性

从输羊血到输人血

据医学史料记载，17世纪20年代，英国有位医生给一位生命垂危的青年输羊血，奇迹般地挽救了该青年的生命。其他医生纷纷仿效，结果造成大量受血者死亡，输血医疗手段便被禁止使用。19世纪80年代，北美洲医生给一位濒临死亡的产妇输人血，产妇起死回生。医学界再次掀起输血医疗热，却带来惊人的死亡率。直到1901年，维也纳医生兰茨泰纳发现了人的血型系统，才打开了科学输血的大门。

从人类打开科学输血大门的历程，我们可以看出：

一次输羊血成功，从而发现输血可以救治病人	说明实践是认识的来源
从输羊血到输人血直到最终解决输血问题	说明实践是认识发展的动力
输羊血的成功及大量受血者死亡、输人血的再次成功及又一次输血医疗热带来惊人的死亡率、终因发现血型系统而使输血问题得以成功解决	说明人们对事物的正确认识往往需要经过从实践到认识、再从认识到实践的多次反复才能完成

⭐ 结合上面"从输羊血到输人血"的事例，简要说明人的认识是一个辩证发展的过程。

实践、认识、再实践、再认识，这种形式，循环往复以至无穷，而实践和认识之每一循环的内容，都比较地进到了高一级的程度。这就是辩证唯物论的全部认识论，这就是辩证唯物论的知行统一观。

——毛泽东

人们在社会实践基础上形成的认识，是一个辩证的发展过程。

认识具有反复性。因为认识事物不是一次完成的，客观事物是复杂的、变化发展的，其本质的暴露和展现有一个过程，人们对客观事物的认识会受到各种条件的限制，这就决定了人们对一个事物的正确认识不是一帆风顺的，往往要经过从实践到认识，再从认识到实践的多次反复才能完成。

认识具有无限性。因为认识的对象物质世界是变化发展的，社会实践是不断发展的，人类认识也是无限发展的。

认识具有上升性。因为从实践到认识、从认识到实践的循环不是简单的圆圈式的循环，而是波浪式前进、螺旋式上升。

党的十九大对当前我国社会主要矛盾作出与时俱进的新表述，强调："中国特色社会主义进入新时代，我国社会主要矛盾已经转化为人民日益增

长的美好生活需要和不平衡
不充分的发展之间的矛盾。"

新民主主义革命时期,
党正确分析半殖民地半封建
中国的社会矛盾全局,牢牢
把握帝国主义与中华民族、
封建主义与人民大众这一主

> **改革开放以来社会主要矛盾判断的两次变化**
>
> ● 我国所要解决的主要矛盾,是人民日益增长的物质文化需要同落后的社会生产之间的矛盾。
>
> ——党的十一届六中全会（1981年）
>
> ● 我国社会主要矛盾已经转化为人民日益增长的美好生活需要和不平衡不充分的发展之间的矛盾。
>
> ——党的十九大（2017年）

要矛盾及其不同时期的具体表现,制定了新民主主义革命总路线和一系
列方针政策,取得了新民主主义革命的胜利。

中华人民共和国成立后特别是我国社会主义基本制度建立后,党的八
大明确指出:"我们国内的主要矛盾,已经是人民对于建立先进的工业国
的要求同落后的农业国的现实之间的矛盾,已经是人民对于经济文化迅速
发展的需要同当前经济文化不能满足人民需要的状况之间的矛盾。"这一
判断是符合当时我国实际的。但是,后来由于复杂的社会历史原因,这一
正确论断没有在实践中坚持下去。党的十一届三中全会以后,党科学分析
我国社会主义初级阶段主要矛盾,对党的八大的提法作了进一步提炼,提
出"我国社会的主要矛盾是人民日益增长的物质文化需要同落后的社会生
产之间的矛盾",为部署党和国家全局工作提供了重要指引。

党的十九大关于中国特色社会主义进入新时代、我国社会主要矛盾发
生变化的深刻论述,是习近平新时代中国特色社会主义思想的重要内容。
这一重大理论创新,是对共产党执政规律、社会主义建设规律、人类社会
发展规律认识的进一步深化,是对科学社会主义的重大贡献,对新时代中
国特色社会主义事业发展、实现中华民族伟大复兴的中国梦,必将起到重
大指导作用。

实践发展永无止境,人们对事物的正确认识也永无止境。中国特色
社会主义事业是不断发展的,我们党对中国特色社会主义规律的认识也
是不断深化的,随着中国特色社会主义事业的不断推进,我们党对中国
特色社会主义事业总体布局和战略布局的认识也会继续深化和拓展。

认识的反复性、无限性和上升性,决定了人们正确认识和处理
问题、不断提高人生发展各种能力的过程,不仅是一个学习的过程,

也是一个实践的过程，更是在实践和认识循环往复中不断总结升华的过程。

3. 追寻人生成功必须努力做到知行统一

有人问一位登山家："如果我们在半山腰，突然遇到大雨，应该怎么办？"

登山家说："应该向山顶走。"

"为什么不往山下跑？山顶的风不是更大吗？"

"往山顶走，固然风雨更大，却不足以威胁你的生命；向山下跑，看起来风雨小了些，似乎比较安全，但可能遇到暴发的山洪而被活活淹死。"

"对于风雨，逃避它，你极易被卷入洪流；迎向它，你却能获得新生！"

⭐ 阅读上面的文字，结合自己的经历，谈谈应如何对待失败和挫折。

追寻人生成功，必须正确对待人生发展道路上出现的失败。既然认识具有反复性、无限性和上升性，人们认识事物、处理问题就必然会出现反复、遭遇挫折乃至失败。因此，我们要正视失败、承认失败，更要冷静全面地分析失败的原因，学会让失败变为成功之母。

> 正视、承认、分析、排除，这是把失败转变为成功的必要过程，完成了这个过程，就摆脱了这次失败的心理阴影，就开始了一个新的走向成功的过程。失败既是成功的否定，又是成功的基础；失败是成功的阶梯，是迈向成功的桥梁。但成功并不是失败的简单积累，而是对失败的深刻感悟，是对失败的超越。在人类探索太空的道路上，有无数令人激动的成功。但是人类自开始载人航天活动以来，始终面对着各种风险与挑战，前人积累的成功与失败的经验，成为发展载人航天事业的财富。

"知"是基础、是前提，"行"是重点、是关键，必须以"知"促行，以"行"促"知"，做到知行合一。

——习近平

追寻人生成功，必须努力做到知行统一。知行统一中的"知"主要是指学习人类创造的全部知识，包括自然科学、哲学社会科学等知识。"行"主要是指人们的实践活动，特别是在科学理论知识指导下的各类实践活动。

相关链接

对于人生成功，不同的人有不同的理解，可谓"仁者见仁，智者见智"。有人认为，拥有物质财富、过上富足的生活，就是人生成功；有人认为，拥有权势地位、为人景仰，就是人生成功；也有人认为，拥有知名度和荣耀、有人追捧，就是人生成功；还有人认为，成功就是实现了预期的目标，成功只是个人内心的感受；等等。

我们要用联系的、发展的、全面的观点来分析成功。成功意味着取得了预期的结果，意味着理想目标的实现。不能只看结果，不看过程；不能只看个人感受，不看客观效果；不能只看个人，不看集体和社会；不能只看取得成功时的轰轰烈烈，不看奋斗过程的艰辛。成功不是只有一种，成功的意义有大有小，成功的价值有高有低，成功的境界往往有很大的差别。成功的价值、意义取决于理想目标的性质和价值。理想目标越远大、越高尚，实现目标对社会的贡献越大，则成功的意义越大，境界越高。

当今社会，由于经济和科技的高速发展，要取得事业的成功，往往需要一个团队的共同奋斗，成功也就是团队的成功，个人只是奉献了一份力量，尽了一份责任。集体的成功包含了个人的成功。就个人而言，能忠于职守，努力做好本职工作，出色完成工作任务就是成功。

首先，中职生要做到知行统一，必须充分认识学习的重要性，树立终身学习的观念。要学会学习，树立科学的现代学习观。要倡导刻苦学习，更要体验学习所蕴藏的乐趣，激发学习兴趣。我们要把学习知识的过程同提高自己学习能力的过程有机结合起来。

成功人士往往具有优秀的素质：远大的志向、渊博的知识、充分的自信、踏实的作风、坚定的毅力、积极的心态、诚实的品质、无畏的勇气、冒险的精神、创新的能力等。

追寻人生成功是一种精神，是一种艰苦奋斗、自强不息，不怕艰难困苦、不怕挫折失败的精神。追寻人生成功也是一个过程，是一个持续的、艰辛的实践过程，是一个坚持不懈的奋斗过程。在人生成长的道路上，我们应该懂得，成功其实是向某个目标前进的成长过程。每一次小的成功其实只是成长中的一个节点，成功是由一个一个具体的阶段目标堆砌起来的过程，每个目标都是成长的一个台阶。

其次，中职生要做到知行统一，必须勤于实践、勇于实践。实践出真知，只有在实践中才能不断提高认识问题和解决问题的能力，增长才干。

中职生要在实践中着重提高动手和操作能力、生活适应能力、人际交往能力、收集信息能力、就业创业能力等，要注意以下几点：

（1）要培养实践兴趣，周密计划，克服畏难情绪，不怕失败，勇于实践。

（2）要认真学习专业理论知识。只有掌握专业理论知识，才能在实践操作中触类旁通，用理论指导及时发现问题，分析解决问题。

（3）要珍惜教学实验和实训机会，认真完成各项实训任务。

（4）积极参与企业实践，包括实习实训活动。

（5）积极参加社团活动。可以根据自己的兴趣爱好专长，结合所学专业和职业生涯规划，选择一个或多个学生社团，积极参加社团组织的各项活动。

（6）积极参加社会实践。主要是学校或社区组织的公益性社会实践活动，如敬老助残志愿者活动。

最后，中职生要做到知行统一，必须及时反思、善于总结。要及时总结人生发展过程中成功和失败的经验教训，在实践与认识相互作用和统一的过程中体验成功快乐。

人生发展不仅是一个生命自然生死的过程，而且是一个社会过程或生活过程，是一个认识世界和改造世界的实践过程。在这个过程中，只有做到知行统一，才能体验人生成功。

感悟 与 体验

1. 当一位成功的企业家被问起成功的"诀窍"时，他说："最初我凭着热情和经验去管理企业，没有成功；后来，我读了上百本如何管理企业的书，按照书上的道理去做，也没有成功；最后，我专心研究了我的企业的特点，并总结以往失败的经验教训，摸索出自己的一套管理企业的方法，终于取得了成功。"

⭐ 结合上述材料，说说我们在实际生活中应该如何做到知行统一。

2. 古往今来，许多贤士与失败交上朋友。

失败是什么？沮丧说，失败是无穷无尽的烦恼；懦弱说，失败是一山又一山的困惑。我说，失败是一笔宝贵的财富，生活需要失败！

失败激发人的斗志，增长人的才干；失败可以化身为动力机，浓缩为清醒剂。生活需要失败！

失败是坚韧之石，擦出希望之火；是希望之火，点燃理想之灯；是理想之灯，照亮前进之路。生活需要失败！

⭐ 简要说明"生活需要失败"的马克思主义认识论依据。

⭐ 列举古今中外正确对待失败取得成功的典型事例。

⭐ 在失败面前，让我们永远记住：要坚定信心，认真反思，做生活的强者。因此（在下画线上填写）：

我要记住这些词：我一定　我能行　相信我　现在就开始 ＿＿＿＿＿＿

＿＿＿＿＿　＿＿＿＿＿　＿＿＿＿＿　＿＿＿＿＿

我要忘记这些词：我做不到　我不行　但是 ＿＿＿＿＿＿　＿＿＿＿＿

＿＿＿＿＿　＿＿＿＿＿　＿＿＿＿＿

3. 搜集材料，相互交流。

搜集事业成功人士的事例，选取其中一位向同学们介绍他（她）在知行统一中不断提高人生发展能力从而获得成功的经验，并说一说从中受到的启发。

第 八 课 | 现象本质与明辨是非

马克思主义认识论认为，人们在实践中认识事物的过程，也是透过事物的现象认识本质的过程。本质是事物的根本性质，是事物的现象所表现的事物的内在规定性。现象是事物的外部联系和表面特征，是事物本质的表现。现象和本质是对立统一的辩证关系，现象表现本质具有多样复杂性。学习现象与本质辩证关系原理，有助于我们区分真象和假象，在认识事物本质的过程中提高人生发展能力。

一支笔直的筷子，把它的半截插在水中，从外面看好像是弯折的；闪电和雷鸣是同时发生的，但我们是先看见闪电后听到雷鸣……常言道"耳听为虚，眼见为实"，要认识一个事物不能凭道听途说，必须亲眼看一看。但是，由于人们看到的只能是事物的现象，有时还会被假象蒙蔽，因此，"眼见"也未必"为实"。

大千世界，各种现象丰富多彩，现象表现本质具有多样性与复杂性。这就需要我们掌握透过现象把握本质的方法，学会把现象作为认识入门的向导，识别假象，明辨是非，在揭示事物本质的过程中不断提高认识事物的能力。

一、在认识事物本质的过程中提高人生发展能力

1. 认识事物不能停留在表面现象上

《吕氏春秋·任数》中记载了这样一个故事。大意是：孔子周游列国，绝粮于陈国到蔡国的途中，几天没吃到一口饭。弟子颜回讨了一些米给老师煮饭吃。饭快熟时，孔子看见颜回抓起一把往口中一塞，孔子心中不快，但装作没看见。到吃饭时，孔子突然站起来说，我想用这些饭祭奠先祖。颜回立即阻止道：这饭不干净，刚才还掉进了灰尘，因为丢掉可惜，我还把有灰尘的那点吃了呢。听了这话以后，孔子发出了"所信者目也，而目犹不可信"的感叹！

"眼见为实"是我们经常说的一句话，但"眼见"未必"为实"。颜回抓饭吃是感官可以察觉到的，但他为什么要吃、动机何在？单凭感觉就无法解

决。这就要求我们进一步想一想，把当时的环境、颜回的表现乃至他的人品连起来加以思索，再进一步加以调查，才有可能得出可靠的结论来。这大概也是孔子发出慨叹的原因吧。

⭐ 结合上述事例，说明认识事物不能停留在表面现象上。

事物是复杂的，认识事物不能只看表面现象。我们看到的自然界和社会现象是非常复杂的，绝不是仅仅用感官就能正确地反映出来的。亲眼看到的东西，人们通过感官感觉到的东西，往往是粗精混杂、真伪难辨的。从人的感觉上说，我们常常会有错觉，甚至幻觉。即使我们没有错觉也没有出现幻觉，也不可能靠眼睛等感觉器官就直接把握现实世界，因为人的感觉器官所能感知的范围是有限的。

人的认识能力的高低突出表现在能否透过现象把握本质。在现实生活中，我们经常可以看到这样的情况：面对同一个问题，有的人认识得比较肤浅，有的人认识得比较深刻；有的人能够列举一大堆现象，但总是停留在表面上，不能深入到事物的内部，无法把握事物的本质。只看到事物的现象还是能透过事物的现象看到本质，表现出一个人认识能力的高低。

人的认识能力的高低，直接影响到人们能否科学地认识事物、正确地解决问题，甚至影响自己的人生发展。

2. 现象与本质的辩证关系

天气的冷热、刮风下雨，这是气象；

万山红遍、层林尽染，蓝天白云，溪流淙淙，这是自然界的景象；

待人接物、举止仪表，这是人的表象；

……

气象、景象、表象等，就是客观世界呈现在我们面前的现象。这些现象后面都隐藏着事物的本质。气象表现了天气变化的本质和规律，自然界的景象是大自然本质规律的表现，人的表象反映了人的内在本质。

我看到了苹果落地，怎么没看到万有引力？

⭐ 结合上面材料和漫画，说明事物现象与本质的辩证关系。

如果事物的表现形式和事物的本质会直接合而为一，一切科学就都成为多余的了。
　　　　　　　　　　　　——马克思

大千世界，各种现象丰富多彩。事物都有自己的现象和本质，是现象和本质的统一体。

现象和本质是对立的。现象是事物的表面特征和外部联系，是易逝多变、个别具体的，是能被我们的感官或借助仪器观察到的。本质是事物的根本性质和内部联系，是同类现象中一般的、共同的东西，只能靠抽象思维才能把握。

春夏秋冬，气温在变化；火炉烧水，水温升高；锯木摩擦生热；等等。对这些现象知道得再多，也不等于知道了热的本质，更不能说把握了热力学定律。

市场上的商品千差万别，我们可以把商品现象描述得非常丰富生动，但不等于就知道了商品的本质，更不能说把握了价值规律。

事物的现象是由我们的感觉器官可以感觉到的，但是，如果把现象说成是本质，就会误导人的认识，甚至会闹出许多笑话。

现象和本质是统一的。现象是本质的现象，本质是现象的本质。任何现象都从一定方面表现本质，任何本质都是通过现象表现出来。现象尽管多种多样、纷繁复杂，但都是由本质决定的，都是本质的外部表现。

任何本质都要通过一定的现象表现出来，没有离开现象的本质。一个人的本质，总要通过他的语言、行动表现出来。一个同学的思想品质，肯定会通过他的政治观点、参加集体活动、待人接物、与人交往等方面表现出来。同样，一种疾病的本质，总要通过它的症状表现出来。比如，人的胃肠疾患是通过厌食、消化不良、腹胀、腹痛、恶心、呕吐、腹泻等各种现象表现出来的。一种植物新陈代谢的本质，总要通过发芽、开花、结果、凋谢、枯萎等各种现象表现出来。

本质是现象的根据，任何现象都从特定方面表现事物的本质，没有离开本质的现象。比如，一个人的一言一行都从不同方面在不同程度上表现了他的思想品质；一种疾病的各种现象都从不同方面在不同程度上表现了该疾病的本质；一种生物体在生长过程中表现出来的各种现象，都从不同阶段和不同方面表现了该生物体生长过程的本质。

总之，现象和本质既相互区别、相互对立，又相互联系、相互依存，是对立统一的辩证关系。现象比本质丰富、生动，本质比现象普遍、深刻，本质只能通过现象表现出来，现象只能是本质的表现，现象与本质统一在同类事物中。

3. 把握本质，不断提高人生发展能力

有一天，法国大生物学家居维叶在午夜时被吵醒，他看见一只怪兽，正把有角的头及两只蹄子伸进窗口，嘴里发出阵阵怪叫，好像要一口吞下他似的。居维叶看了一下怪兽，满不在乎地继续入睡了。

这只怪兽原来是顽皮的学生装扮的，想吓唬一下老师。当时居维叶并不知道这是学生的恶作剧，可他为什么丝毫不害怕呢？学生带着好奇心去请教老师。居维叶笑着回答了他们，学生们听了口服心服。

居维叶说："有角有蹄子的动物，都是只吃植物而不吃肉类的。所以我没有什么可怕的。"一般人见到怪兽都会害怕，而居维叶对动物有丰富的知识，他知道有角有蹄子的动物是不吃人的，所以照常安心睡觉。

⭐ 结合上述事例，说明透过现象认识本质，必须掌握丰富的知识，进行科学的分析。

⭐ 列举事例，说明如何把握事物的本质，不断提高人生发展的能力。

在复杂的现实生活中，透过现象认识本质，提高人生发展的能力，需要全面把握和分析事物的各种现象。现象是入门的先导，认识事物只能从认识它的现象开始。但是，事物是复杂多变的，要做到透过现象认识本质，

我们的实践证明：感觉到了的东西，我们不能立刻理解它，只有理解了的东西才更深刻地感觉它。

——毛泽东

99

就必须全面地占有丰富的、大量的感性材料，综合事物的各种现象，不能道听途说，不能仅仅看到一些局部的、个别的现象，就轻率地对事物的本质下结论，更不能被事物的假象蒙蔽。这就要求我们必须深入实际，认真进行调查研究。

在复杂的现实生活中，透过现象认识本质，提高人生发展的能力，需要对现象进行科学分析。要充分发挥自觉能动性，运用科学的思维方法，对大量的现象以及它们之间的相互关系进行科学的分析和研究，做到"去粗取精、去伪存真、由此及彼、由表及里"。

相关链接

对于分析事物的本质和规律来说，人们掌握的大量的现象，有的比较重要，有的比较次要，这就需要进行分析和筛选，我们称之为"去粗取精"。

人们掌握的大量的现象，有一些可能是虚假的，这样的现象不能作为认识事物本质和规律的依据，这就需要进行分析和鉴别，我们称之为"去伪存真"。

人们掌握的大量的现象，往往是个别的、彼此分离的，这就需要把它们综合起来进行思考，从总体上进行研究，我们称之为"由此及彼"。

人们掌握的大量的现象，毕竟是属于表面的东西，应当通过表面的东西发现隐藏在其中的内在的联系和规律性，我们称之为"由表及里"。

大量的事实说明，人们在实践基础上，发挥自觉能动性，能够透过现象揭示事物的本质和规律。

二、学会识别假象，明辨是非

1. 莫被假象迷惑双眼

◆ 海市蜃楼是大气中的一种幻景，是地球上物体反射的光经大气折射而形成的虚像。在大海之滨瞭望，或在海面航行时，有时在平静无风的条件下，会突然看到空中映现出船只、岛屿、楼台、城郭等奇异现象，当大风一起，这种景象就立刻消逝。这种现象不仅发生在海面，还可能发生在湖泊、大江、沙漠、戈壁等处的空气层中。

◆ 今天，网络丰富了我们的生活，方便了我们的工作。但是，网络上的信息真真假假、虚虚实实。虚假广告、虚假产品、虚假新闻等误导了网民，损害了网络媒体的公信力和社会风气，破坏了社会主义精神文明建设。

⭐ 列举现实生活中的假象，说明识别假象对人们工作和生活的重要性。

自然界和人类社会表现出来的各种现象是非常复杂的，经常存在着是非混杂、鱼目混珠、真假混淆的情况。假象是自然界和人类社会中客观存在的现象，如海洋上空出现的"海市蜃楼"、动物受到刺激时的假死以及社会生活中的以假乱真等。

> 自然界的有些现象真假难辨，月亮本身不发光，但常常是"皓月当空"；许多动物的保护色就是一种假象，天蚕蛾翅膀上有巨大的眼睛图案，能够吓退天敌。至于社会现象就更加复杂了，我们平常说的"大智若愚""大奸若忠"就是说的这种情况。《红楼梦》里"假作真时真亦假，无为有处有还无"的语句，就是对真伪难辨的感慨。

莫被假象迷惑双眼。在生活中，无论面对什么事情，不管处理什么问题，都要学会识别假象，学会透过表面现象把握事物的本质。医生给病人看病，只有识别病情表现出来的一些假象，才能对症下药；公安人员侦破案件，只有识别案件现场表现出来的一些假象，才能找到真正的犯罪嫌疑人；消费者购买商品，只有识别假冒伪劣商品，才能购买到称心如意的商品；应聘工作与用人单位签订劳动合同，只有识别合同中的一些不合理的甚至带有诈骗性质的现象，才能维护自身的合法权益……

2. 现象表现本质具有多样性与复杂性

事例一："明修栈道，暗度陈仓"这个成语，在军事上的含义是：从正面迷惑敌人，用来掩盖自己的攻击路线，而从侧翼进行突然袭击。这是声东击西、出奇制胜的谋略。引申开来，是指用明显的行动迷惑对方、使人不备的策略，也比喻暗中进行活动。

事例二：国际霸权主义者的本质是侵犯他国主权，把自己的利益置于其他国家和人民的利益之上，但同时制造出关心世界各国人权、到处进行"人道主义援助"的假象。这种假象也是由它的侵略扩张本质所决定，并反映这一本质的。

事例三：一些犯罪分子往往施展各种伎俩，制造种种假象来掩盖犯罪事实，也就是以虚假的现象来表现其犯罪的本质。

⭐ 结合上述事例，说明假象也是本质的一种表现。

⭐ 再列举一些事例，说明现象表现本质具有多样性与复杂性。

现象表现本质具有多样性与复杂性。事物是复杂多样并且不断变化的，往往是真象和假象混杂，本质的东西和非本质的东西同在。

在不同的客观条件下，事物本质的表现形式是不同的。有些相同的现象隐藏着不同的本质，有些不同的现象却是同一本质的表现。

真象与假象都是事物本质的表现。真象是从正面表现本质的现象。假象也是本质的一种表现，是本质在特定条件下的一种反面的、歪曲的表现。假象与本质的对立是现象与本质对立统一关系的特殊形式。假象和一般现象一样，是认识事物本质的必要环节。

> 相同的现象表现着不同的本质。如三国时期的名医华佗给李延、倪寻两人治病，他们的症状基本相同，都是头痛发烧，可是华佗给李延开的药方是发散剂，给倪寻开的药方却是通导剂。从表面上看，好像有些奇怪。其实，这正是华佗的高明之处，因为他的诊断没有停留在患者具有相同的症状这一现象上，而是进行了更多的观察和询问，分析出李延的病是由外感风寒引起的，倪寻的病是由内部积食引起的，引起病症的本质不同，药方也就不同。

> 同一本质可以表现为不同的现象。如苹果落地、水往低处流等隐藏着一个共同的本质——万有引力。再如，锯条锯木，其温度在升高；火炉烧水，水温在升高……这些热现象中存在着一个共同的本质，即大量粒子无规则的运动。

总之，现象包含着本质，本质通过现象表现出来。但表现的形式是多种多样的，既有直接表现本质的，也有间接表现本质的，还有十分隐蔽地表现本质的；既有从正面表现本质的，也有从反面表现本质的。人们只有在掌握了大量现象，其中包括事物假象的基础上，才能从正反两方面完整地、深刻地把握事物的本质。透过现象认识本质，不为假象所迷惑，这是认识一切事物的科学方法。这就要求我们必须掌握丰富的知识，开动脑筋，对掌握的大量丰富的现象进行科学的分析，揭示事物的本质和规律。

3. 擦亮明辨是非的"慧眼"

在我们的生活中，天天都发生着许许多多的事情：

◆ 有的人主动护送迷路的老人；有的人仗势欺人，欺负弱小。

◆ 有的人自觉捡起地上的垃圾扔进垃圾箱内；有的人随意践踏草坪，污损洁净的墙壁。

◆ 有的人为寻找丢失物品的失主在路边苦等；有的人顺手牵羊拿走本不属于自己的东西。

◆ 有的人为了国家的安宁，昼夜坚守在自己的岗位上；有的人为了自己痛快，搅得四邻不安。

◆ 有的人为了百姓的生计废寝忘食、任劳任怨；有的人为了升官发财投机钻营、费尽心机。

◆ 有的人奉公守法，主动缴纳税款；有的人虽有千万财产，却偷税漏税。

……

社会生活中到处充满了真、善、美，但也有假、恶、丑。

社会生活中的尊老爱幼、拾金不昧、乐于助人、爱岗敬业、奉献社会等现象，符合人们对真善美的追求，对社会公共生活和个人生活带来积极影响；

而社会生活中的以大欺小、以强凌弱、造假售假、坑蒙拐骗、偷税漏税、贪污受贿等假恶丑现象，对社会公共生活和个人生活带来消极影响。

⭐ 针对社会生活中存在的真善美和假恶丑的现象，说明明辨是非是做人的基本条件。

在社会生活中，是非善恶并没有黑白分明的标签，贴在每一个人每一件事之上。这就需要我们学会理性分析，掌握透过现象认识本质的方法，识别假象，把握本质，明辨是非。

明辨是非，顾名思义，是指辨别清楚事情的正确和错误。一个人生活在社会中，难免会受到社会现象、社会风气的影响，我们要接触形形色色的人，判断各种各样的事情。人们对生活的追求不同，价值标准也不一样。我们在生活中做许多事情都离不开价值判断，都要讲一个好坏是非。因此，如何分辨善恶是非，就是做人的首要的问题。

明辨是非，是做人的基本条件。只有我们明辨是非，区分善恶，辨析真假，才能决定自己应该做什么，不应该做什么，才能抵制诱惑，扬善抑恶，做一个正直善良、遵纪守法的人。

寒假期间，小龙拿着春节时得到的压岁钱，到自家附近的电子游戏室玩，只玩了几天就把钱花光了，可是他已经上了瘾。

这时，一个经常来玩的叫大朱的人对他说："怎么？没钱了？不要紧，我们来赌一赌赛车，你赢了就给你50元。"小龙想了想，自己没有钱了，可又很想玩，也不敢向父母要，就咬牙答应了。

第一场就真的赢了50元，小龙高兴极了。没想到后来是兵败如山倒，原来，最初的50元是个陷阱。小龙欠了大朱近千元，没钱还，大朱就教小龙去偷自行车，卖了还债。小龙无奈，只好照办。在一次偷自行车时，小龙被警察抓住，送进派出所。

小龙从玩电子游戏开始，最后走进了派出所，除了受他人引诱等原因外，一个关键的因素就是他没有明辨是非的能力。

明辨是非、认识事物的本质对个人发展有重要作用：可以对自己行为产生的后果和影响作出正确的判断和评价，帮助自己树立正确的人生观、价值观和荣辱观，指导自己健康成长。

在现实生活中，有些人仅仅把认识停留在事物的表面上而不能深入其本质。比如，有两句古语提醒我们，在交友时要正确评价一个人，透过现象认识本质，慎重交友。一是"日久见人心"，即不能仅凭一面之交或一件事就给一个人下定论。二是"知人知面不知心"，即不要轻信一些人的表面言行，要认识一个人的本质是很难的。对某一个人的认识不能仅停留在对他一时一事表面言行的认识上，更不能为一些假象所迷惑，否则就会上当受骗。有的人表面很义气、够哥们，但不能与这种人成为真正的朋友，有的同学就是因为在网上轻信网友的花言巧语而上当受骗。这些我们都应引以为鉴。

擦亮明辨是非的慧眼，把握事物的本质，需要我们明确判断和衡量是非的标准。在现实生活中，一般有社会公认的道德规范和所处社会制度下的法律规定两种标准。明辨是非，对

善于明辨是非，善于决断选择。

——习近平

于中等职业学校的学生来说，最重要的就是遵守公民基本道德规范，自觉养成遵纪守法的好习惯。

相关链接

遵纪守法，顾名思义，就是遵守纪律和法律。国无法不治，民无法不立。人人守法纪，凡事依法纪，则社会安定，经济发展。我国社会主义社会是法治社会，遵纪守法是对每个公民的基本要求。

在我国，每个公民都依法享有权利、履行义务，同时还应该遵循共同的道德准则，也就是要遵守公民道德。2019年10月，中

共中央、国务院印发了《新时代公民道德建设实施纲要》，对公民的社会公德、职业道德、家庭美德、个人品德等方面提出了具体要求。

　　擦亮明辨是非的慧眼，把握事物的本质，必须学会正确区分真象和假象，不被假象迷惑。事物复杂多变，本质又常常被假象掩盖，中职生要认识事物和社会的复杂性，能够正确对待长辈朋友、传播媒体等的影响，对其作出正确判断，从而在生活道路上能够作出正确的选择。

　　中职生要做到明辨是非，在揭示事物本质过程中提高认识事物的能力，特别需要注意以下几点：
　　（1）做人必须有一把良知的标尺：正确的是非观。
　　（2）不轻易听信别人的言论：用自己的头脑冷静客观分析，不要被别人的言论所左右。
　　（3）不急于下定论：事情都有很多方面，一开始可能只看到其中某一个方面，而没有看完整，要给自己多一点观察和思考的时间。
　　（4）战胜自己，抵制诱惑：坚持正确的行为就要战胜自己的软弱，不向诱惑屈服。如果是对自己成长有害的事情，无论怎样新奇有趣、有利可图，都不能去做。
　　……
　　⭐ 你认为还应该如何去做？
　　擦亮明辨是非的"慧眼"，把握事物的本质，必须掌握科学的思维方法。运用科学的思维方法，特别是创造性思维，对把握事物的本质和规律起着重要作用。这一点，将在下一课的内容中详细学习。

感悟 与 体验

1. 第二次世界大战期间，一位苏联将军视察阵地时，偶然发现几只蝴蝶在花草丛中飞来飞去，时隐时现，令人眼花缭乱，难辨真假。将军深受启发，立即去找研究蝴蝶的专家斯万维奇，要他设计一套蝴蝶式防空迷彩伪装。斯万维奇参照蝴蝶翅膀花纹的色彩和构图，将保护、变形和伪装三种功能综合起来，对坦克、军用车辆等活动目标涂上同地形相似的多色巨大斑点迷彩，改变其外形轮廓；对机场、炮兵阵地、雷达站、军用仓库等固定军事重地利用遮障伪装，在遮障上涂染与背景相似的迷彩图案。

就这样，他们为列宁格勒（今圣彼得堡）数百个军事目标披上了神奇的"隐身衣"，当几百架满载炸弹的德军轰炸机飞临该城上空时，原定的袭击目标一个也找不到，一些曾身经百战的飞行员也惊呼眼前一片迷茫。飞机在空中盲目地转了几个大圈后，只好胡乱丢了一些炸弹仓促返航，而列宁格勒却安然无恙。

⭐ 结合上述事例，说明在实践中把握现象和本质关系的重要性。

2. 《黄帝内经》中说："有诸内者必形诸外，视其外应，以知其内藏，则知所病矣"，这是中医诊病中一刻都离不开的方法，是中医诊断过程望、闻、问、切的总纲。通过"四诊"来确定患者之疾病，这就是透过现象看本质的方法的具体表现。

⭐ 结合中医诊断疾病的过程，说明我们应该如何透过现象把握本质。

3. 观察生活，交流心得：观察社会生活，感受认识生活中的真善美和假恶丑现象，写成一篇小短文《我所感受的社会生活》，并与同学交流，提高自己辨别是非的能力。

第九课 | 科学思维与创新能力

马克思主义认识论不仅揭示了认识的来源、动力和发展过程，而且给人们提供了科学的认识工具，这就是辩证的思维方法。唯物辩证法不仅揭示了客观世界的辩证法，同时也是人们认识世界的方法论。人类的发展需要创造和创新，创造和创新的实现离不开创新思维。培养科学的思维方法、提高创新能力，要求我们认真学习马克思主义认识论的辩证思维方法，学习并综合运用当代科学在发展中形成的科学思维方法，在实践中大胆地闯、大胆地试。

为什么大家同学多年，同样的老师、同样的学习工具、同样的教室、同样的勤奋努力，学习效果却大不相同？一个重要原因是思维方法不同。人人都在想问题，结果却大不一样：有的人半天理不出头绪，而有的人却能快刀斩乱麻，直奔问题的关键；有的人仅对熟悉的事情得心应手，而有的人对新问题也能应对自如……造成这种思维结果差异的主要原因在于是否有科学思维方法的指导。

人人都有思维，人们通过思维能够揭示事物的本质和规律，但是，人们要正确认识事物的本质和规律，提高人生发展能力，必须培养科学的思维方法，运用科学思维提高创新能力。

一、掌握科学思维方法，提高人生发展能力

1. 人生发展不能缺少科学思维方法

小张和小赵同一年毕业，同时被招聘到同一家公司，在同一个办公室做秘书。虽然有这么多相同之处，但两个人的工作方式和工作结果截然不同。

年终岁尾，公司要举办两场辞旧迎新晚会，一个是公司内部员工参加的，另一个是邀请一些老客户、大客户参加的。两个晚会相隔一天，公司领导让小张负责邀请客户参加的晚会策划筹备工作，让小赵负责公司内部员工参加的晚会筹划工作。两个人接到工作任务，立即着手开展策划准备工作。

　　小张经过周密思考，广泛征询同事和领导的意见后，有条不紊地采取了下列步骤：拟定邀请客户名单—确定以"真情相聚、合作共赢"为主题的活动方案—与财务部、行政部等部门领导进行沟通、确认分工—精心撰写有关致辞、主持稿和条幅等文字材料—布置会场、组织节目彩排。其间，小张及时把活动进展及策划情况向有关领导汇报，并根据领导要求进行调整，积极协调各部门。由于精心组织，整个晚会开得很成功，得到了公司领导和客户的一致好评。

　　再看看小赵的工作思路：小赵认为，公司内部晚会，要设置一些互动小游戏等表演节目活跃气氛。他几乎把所有精力都用在了如何设计节目、如何发动员工表演节目上，没有从整个晚会的全局考虑。等到节目单弄好后，他才开始筹备购买晚会所需物品和奖品，直到晚会临近，他才想起，还没有撰写新年致辞和主持词，又加班加点才把文字材料弄好。晚会匆匆忙忙地召开了，结果很多环节衔接得不够紧密，出现了空场、冷场现象，互动游戏也没有达到预期效果，整场晚会漏洞百出。

　　同样的工作任务，产生了不同的效果，很重要的原因就是不同的思维方法决定了当事人采取了不同的工作方式。

　　⭐ 结合上述事例，说明思维方法与人的认识能力的关系。

　　提高人生发展能力，需要科学思维方法。这里所说的科学思维，泛指符合认识规律、遵循逻辑规则、能够达到正确认识结果的思维。

　　人们通过思维能够揭示事物的本质和规律，但是，只有进行科学思维，掌握科学的思维方法，才能引导我们正确地认识事物的本质和规律，从而达到改造世界的目的。

相关链接

　　思维是对客观事物的反映，思维有广义和狭义之分：广义的思维对应于物质，与意识同义；狭义的思维对应于感性认识，与理性认识同义。这里所说的思维是狭义的，即理性认识。感性认识是人脑对客观事物现象和外部联系的反映，是认识的初级阶段。理性认识指认识过程中的高级阶段，是关于事物的本质和规律的认识。

　　思维方法是人们把握客观的一种认识系统，是客观事物和规律经过主观制作和建构形成的思维规则、程序、步骤和手段等。哲学上的思维方法特指以揭示事物的本质和规律为目的的理性认识的方法，它是思维方法群中最高层次的方法，其下是一般科学思维方法，再下是具体科学思维方法。

人生一定要学会科学地思维，掌握科学的思维方法。只要我们在"想"或"考虑"，就能切身地体悟到什么是思维，在自觉或不自觉的"说"与"做"中，常常体现出各自不同的思维风格。

2. 科学思维方法的特点及作用

事例一：东汉时期的蔡伦发现，人们用于书写的材料都有缺陷：竹木简太笨重；丝帛太贵；丝绵纸用蚕茧做原料，难以大量生产；麻纸质地粗劣，不利于书写。在总结前人经验的基础上，他用树皮、麻头、破布和破渔网等做原料，经过精心制作，终于造出质量较高又适合书写的纸张。蔡伦成了造纸技术的革新和推广者。

事例二：有位工人不小心弄错了配方，生产出了一批不能书写的废纸。正在他灰心丧气、愁眉不展的时候，一位朋友劝慰他："任何事情都有两面性，你不妨变换一种思路看看，相对于书写纸来说，这些是废纸，但能不能把这些废纸变成另外一种有用的纸呢？"他受此启发，换了一种思维方式后发现，这批纸虽然不能用来书写，但其吸水性能相当好，可以吸干家庭器具上的水分。他把纸切成小块，取名"吸水纸巾"，拿到市场上去卖，竟然十分畅销。后来，他申请了专利，独家生产吸水纸巾，效益很好。

蔡伦解决造纸的难题，从不同的角度思考问题，进行了思维创新；那位发明"吸水纸巾"的工人，在"无用"中想到了"有用"，全面地看问题，运用了辩证思维。上述两则事例，都体现了科学思维方法在创新中的作用。

⭐ 结合上述事例，说明科学思维方法在人的认识过程中的重要作用。

我们不但要提出任务，而且要解决完成任务的方法问题。我们的任务是过河，但是没有桥或没有船就不能过。不解决桥或船的问题，过河就是一句空话。不解决方法问题，任务也只是瞎说一顿。

——毛泽东

掌握科学思维方法对人们正确认识世界和改造世界有重要指导作用。它可以帮助我们正确地认识事物，把

握事物的本质和规律，更好地认识世界；可以帮助我们提高面对新情况、解决新问题的能力，正确地解决问题，更好地改造世界。

现代原子物理学的奠基者卢瑟福对思考极为推崇。

一天深夜，他发现一位学生还在埋头做实验，便好奇地问："白天你在干什么？"

学生回答："在做实验。"

卢瑟福不禁皱起了眉头，继续问："那晚上呢？"

"也在做实验。"

勤奋的学生本以为能够得到导师的一番夸奖，没想到卢瑟福居然大为光火，厉声斥责："你一天到晚都在做实验，什么时间用于思考？"

勤奋的学生遭到斥责，看似委屈，实际上卢瑟福是在强调思考、培养科学思维方法的重要性。很多时候人们宁可让岁月淹没在仿佛很有价值的忙碌中，也不情愿拿出时间来进行思考，以至于思维在低水平的层次上徘徊，最终一无所获。

培养科学思维方法，必须以科学的世界观和方法论为指导。马克思主义哲学是科学的世界观和方法论，是指导我们正确地认识世界和改造世界的理论基础。在马克思主义哲学世界观和方法论的指导下，我们能够更加自觉地进行科学思维。

人是一个高级而复杂的有机体。人体的各个生理系统是互相联系着的整体。高明的医生在治病时懂得从整体上去了解患者的病情。

我国古老的医书曾记载了这样一个故事：有个患头痛病的樵夫上山砍柴，昏头昏脑，一不小心碰破了脚指头，出了一点血，但头却不痛了。他当时不以为意。后来头痛病复发，无意中又碰破了原处，头又不痛了。两次经验引起了他的思考，头痛要医脚。以后凡是头痛病发作，他就有意地刺破这个脚指头，每次都有效果。中医针灸穴位中的"大敦穴"，据说就是这样被发现的。

在实际工作中，有的人却往往自觉不自觉地"头痛医头，脚痛医脚"，用孤立的、静止的、片面的观点来观察和处理问题。只看局部、不见整体，只见树木、不见森林，给实际工作带来很大的危害。

培养科学思维方法，要求我们遵循形式逻辑的要求，正确地运用形式逻辑。人们认识事物、表达思想，要运用概念、判断、推理等思维形式。在思维的过程中要做到概念明确、判断恰当和推理合乎规则，不可自相矛盾，不能混淆概念或偷换概念，也不能转移论题或偷换论题。

3. 提高人生发展能力需要掌握科学思维方法

有的同学遇到一点困难和挫折，就偏执一端，得出"前程无望"的结论，以致心灰意冷，丧失继续前进的信心和勇气。

有的同学在学习和工作中取得一些成绩，看不到老师的教导、同学的帮助和集体的学习氛围，把个人的努力绝对化，就会得出自己"聪明过人""智力超常"的错误结论，导致骄傲自满、故步自封。

有的同学总喜欢拿自己的长处去比别人的短处，因而缺乏学习先进的虚心态度，甚至把自己的短处也看成优点，因而盲目自满，缺乏自知之明。

⭐ 再列举类似事例，说明运用科学思维方法对我们健康成长的作用。

人类正是在认识世界和改造世界的实践过程中，发现、总结出科学思维的规律和方法，并且不断发展着自己的思维能力的。

掌握科学思维方法对提高人生发展能力有重要作用。科学思维方法是人们正确认识事物的工具，它能引导我们正确地认识事物的本质和规律，学会分析和综合，不断提高人生发展的能力。

惠更斯（1629—1695）　　牛顿（1643—1727）　　爱因斯坦（1879—1955）

"波动说"：光是一种连续不断的波。

"微粒说"：光是由无数微粒构成的粒子流。

"波粒二象性"：光既是波，又是微粒，是连续的，又是不连续的。自然界喜欢矛盾。

他们二人的思维是：两者必居其一，非此即彼。不是这个，就是那个。

他的思维是：为什么不可以既是这个，又是那个？

　　我们每天都离不开的光，大家都很熟悉，但若问光的本质是什么，人们在很长时期内却说不清楚。从科学史上看，物理学家对此就有过长达200多年的争论。

　　只有运用辩证思维的方法，才能正确认识光的本质。爱因斯坦之所以能提出光既是波又是微粒的理论，原因是多方面的。从思维方法上看，是因为他运用了辩证思维，用了矛盾分析方法，从而正确地回答了"光的本质是什么"的问题。

　　 再列举类似事例，说明提高人生发展能力必须运用辩证思维的方法。

　　培养科学思维方法，要求我们运用辩证思维的方法。事物是普遍联系、变化发展的，辩证思维就是用联系的、发展的、全面的观点看待事物和思考问题，其实质与核心是运用矛盾分析法，从对立面的统一中把握事物。辩证思维方法是人们进行辩证思维的逻辑工具，是科学思维方法的重要组成部分。

　　学会运用科学思维方法，用辩证思维指导人生，就能更深刻地洞察人生、认识人生，就能减少人生的迷误；就能有助于我们汲取前人思维方法之精华，少走弯路，正确认识事物、解决问题，更好地实现人生价值，做聪颖智慧的人，做有利于国家、有利于社会的人。

> 广大青年科技人才要树立科学精神、培养创新思维、挖掘创新潜能、提高创新能力，在继承前人的基础上不断超越。
>
> ——习近平

相关链接

　　辩证思维的基本方法是揭示概念的辩证发展、矛盾运动的基本方法，主要有归纳和演绎、分析和综合、从抽象上升到具体、逻辑的和历史的统一等方法。其中归纳和演绎、分析和综合是形式逻辑与辩证逻辑所共有的方法，而从抽象上升到具体、逻辑的和历史的统一则是辩证思维所特有的方法。

归纳是从个别上升到一般的思维方法，演绎是由一般性原则到个别性结论的方法。分析是在思维中把认识对象分解为各个部分、方面、要素，对它们分别加以研究的思维方法。综合是在思维中把认识对象的各个部分、方面、要素结合为一个统一整体的思维方法。

分析和综合的运用过程也是从感性具体到思维抽象，又从思维抽象到思维具体的过程。一般说来，从感性具体到思维抽象更多的是运用分析方法，而从思维抽象到思维具体更多的是以综合方法为中介。

二、运用科学思维提高创新能力

1. 创新并不是神秘的事情

多年前，有一家酒店的电梯不够用，打算增加一部。于是酒店请来了建筑师和工程师研究如何增设新的电梯。专家们一致认为，最好的办法是每层楼打个大洞，直接安装新电梯。方案定下来之后，两位专家坐在酒店前厅商谈工程计划。一位正在扫地的清洁工听到了他们的谈话，顺便说了一句："每层楼都打个大洞，肯定会尘土飞扬，弄得乱七八糟。"工程师瞥了清洁工一眼说："那是难免的。""我要是你们"，清洁工漫不经心地说，"我就会把电梯安装在楼的外面。"工程师和建筑师听了这话，相视片刻，不约而同地为清洁工的这一想法叫绝。于是，便有了近代建筑史上的伟大变革——把电梯装在楼外。

⭐ 结合上述事例，说明创新并不是神秘的事情。

提到创新，有的同学觉得很神秘，还有的同学认为创新太高深、太复杂，似乎只是少数杰出人才的事情。其实，创新有大有小，内容和形式各不相同。创新活动不只是科学家、发明家的事情，不只是某些行家的专利，也不是只有超常智慧的人才具有创新的能力。其实，创新甚至是伟大的创新，往往是把复杂事情简单处理的结果。

> ### 相关链接
>
> 创新是指人为了一定的目的，遵循事物发展的规律，对事物的整体或其中的某些部分进行变革，从而使其得以更新与发展的活动。"创新"一词起源于拉丁语，原意有三层含义：更新、创造新的东西、改变。
>
> 创新活动的核心是"新"，它或者是产品的结构、性能和外部特征的变革，或者是造型设计、内容的表现形式和手段的创造，或者是内容的丰富和完善。
>
> 人类所做的一切事物都存在创新，创新遍布人类活动的方方面面，如观念、知识、技术的创新，政治、经济、文化艺术和社会管理的创新，而不仅仅是技术领域的事情。

创新是人类特有的认识能力和实践能力，是人类自觉能动性的高级表现形式，是推动民族进步和社会发展的不竭动力。创新不神秘，并不意味着这是一件容易的事情。我们总是在创新前面加上"积极""勇于""大胆"之类的形容词，就是因为创新不是轻而易举就能做到的，需要我们不断增强创新意识，提高创新能力。

2. 创新思维的特点及作用

现在，市场上有许多新产品都是根据人们的"希望"研制出来的。例如，有一位企业家调查了用户对钢笔的希望：希望钢笔出水顺利，希望一支笔可以写出两种以上的颜色，希望不粘污纸面，希望能粗能细，希望笔尖不开裂，希望不用打墨水，希望省去笔套，希望落地时不损坏笔尖等。这位企业家根据用户的这些希望，对钢笔进行了多种改造，如根据"希望省去笔套"这一条，研制出一种像圆珠笔一样可以伸缩的钢笔，从而省去了笔套。

⭐ 该企业家运用发散思维中的列举法，大胆进行思维创新。再列举类似事例，说明创新思维的特点和作用。

创新思维是一种综合能力的体现。科学思维所说的创新思维，特指人们在实践中有所发现、有所发明的思维活动，即开拓人类认识新领域，开创人类认识新成果的思维活动，它往往表现为发明新技术、形成新观念、提出新方案、创建新理论等。

人的创新能力不是与生俱来的，它是可以通过学习和训练得以提高的，提高创新能力需要科学思维。要创新就必须学习和掌握科学思维方法。科学思维是能够创造性地解决问题的思维，创新思维是综合运用多种思维方法的结果。

相关链接

发散思维是一种展开式的思维方式，它根据已知的事物信息，从不同的角度、不同的方向思考，以寻求解决问题的多样性答案。有人总结、发明了一些强制联想的技法，如"列举法"就是有助于个体创造性思维的一种主要方法，它将研究对象的特点、缺点，人们的希望等逐一罗列出来，以便提出改进的意见，构成创新的设想。这种技法可以启发人们的创造发明思路，特别是在新产品开发和旧产品改造方面，能够发挥更好的作用。

要充分发挥青年的创造精神，勇于开拓实践，勇于探索真理。

——习近平

创造性思维是现代新思维的主要特征。提倡创新思维，培养创新能力，对于重塑民族精神，提高全民族的科学素质，增强综合国力，具有极其深远的意义。

党的十八届五中全会明确了"创新、协调、绿色、开放、共享"新发展理念，其中，"创新"一词排在第一位。自党的十八大以来，在习近平的公开讲话和报道中，"创新"一词频繁出现，可见其受重视程度。这些论述，涵盖了创新的方方面面，包括科技、人才、文艺、军事等方面的创新，以及在理论、制度、实践上如何创新。

正如习近平所说："世界每时每刻都在发生变化，中国也每时每刻都在发生变化，我们必须在理论上跟上时代，不断认识规律，不断推进理论创新、实践创新、制度创新、文化创新以及其他各方面创新。""坚持创新发展，就是要把创新摆在国家发展全局的核心位置，让创新贯穿国家一切工作，让创新在全社会蔚然成风。""变革创新是推动人类社会向前发展的根本动力。谁排斥变革，谁拒绝创新，谁就会落后于时代，谁就会被历史淘汰。""发展是第一要务，人才是第一资源，创新是第一动力。中国如果不走创新驱动发展道路，新旧动能不能顺利转换，就不能真正强大起来。"

创新是时代的潮流，科学的本质是创新，科学精神就是创新精神。创新是一个民族进步的灵魂，是国家兴旺发达的不竭动力。一个没有创新能力的民族，难以屹立于世界先进民族之林。一个民族的创新能力，决定着其在国际竞争中的地位和作用。

3. 提高创新能力必须运用科学思维方法

某高职园艺专业毕业的小赵，被一家花卉有限责任公司录用，主要负责草坪的养护和管理工作。在工作中，他发现当地草坪中的一种杂草生命力极强，无论怎样治理，也除不了根，给维护工作带来了极大的麻烦。他突发奇想："这么强的生命力，若能把它变成草坪，既耐干旱又耐踩踏，一定会畅销的。"于是，他向公司提建议，改良这种杂草，变废为宝。公司成立了科研部，让小赵负责改良工作，经过一年的时间终于生产出了新草坪。该草坪一上市，就被几家物业公司抢购一空，为公司赢得了丰厚利润。小赵也被提拔为科研部主任。

⭐ 结合事例，说明创新是我们青年学生必备的素质。

现代青年要具备创新能力，首先要有强烈的创新意识和顽强的创新精神。所谓创新意识就是推崇创新、追求创新、以创新为荣的观念和意识。一个人的创新精神主要表现为：首创精神、进取精神、探索精神、顽强精神、献身精神、科学精神。

　　　　国家鼓励青年学生进行科技小发明，不少中小学生运用掌握的科学文化知识，大胆探索创新，取得了许多科技发明成果。不少发明的制作材料虽然简单，但其中闪烁的奇思妙想非常可贵。
　　　　如安全捕鼠器是利用饮料瓶、木板和胶带做成的，把饮料瓶的一端剪成倒刺形状，老鼠只能进不能出；三防自行车车座则在车座上加了木头固定和铁皮翻转，这样车座不但可以在下雨或烈日下翻转过来，还能防止被盗……

　　如果我们掌握了思维创新的有效方法，密切联系实际，那将会大大提高我们面对新情况、解决新问题的能力。

　　在实际生活中也可以用一些巧妙的办法来增强创新能力，以下介绍几种方法。
　　（1）及时抓住灵感。好的方法和主意有时只是在脑海里一闪即逝，最简单的办法，就是把一闪即过的念头马上记下来。虽然不是每个主意都有价值，但要先记下，然后再评估它的价值。
　　（2）会"胡思乱想"。许多人都有这样的体会：在床上、在洗澡间或者公共汽车上，精神相对放松，是发挥想象力的好地方。人在似睡非睡状态下容易激发灵感，想的东西离现实较远。这样的胡思乱想，往往就是平时被人们忽略的好主意。
　　（3）扩大思路。就是试图用其他领域的思想来解决本领域的问题。这就要求我们要多精通几门学科的知识，多跨几个岗位去体验生活。
　　……
　　⭐ 你认为还有哪些提高创新能力的方法？

　　　　运用科学思维方法，提高创新能力，要学会把发散思维和聚合思维结合起来。解决复杂问题，往往需要人们的思维结合实际情况，反复地发散—

聚合—发散—聚合。要以科学知识为基础，以求真务实的精神，充分发挥想象，巧妙捕捉灵感。

　　热爱生活、关注生活、享受生活是创新的前提和基础。在日常生活中经常有意识地观察和思考一些问题，通过这种日常的自我训练，可以提高观察能力和大脑灵活性。积极参加创新实践活动，尝试用创造性的方法解决实践中的问题。人们越是积极地从事创新实践，就越能积累创新经验，锻炼创新能力，增长创新才干。

　　王洪军，这个只有中专文化水平的钣金整修工，几十年如一日立足岗位创新，成为首批获得国家科技进步奖的两位工人之一。他创造的"王洪军轿车钣金快速修复法"，大大提高了白车身（未喷漆的轿车车身）修复效率；他发明制作的钣金维修工具达40多种2 000多件，保证了白车身表面修复质

王洪军在专注工作

量；他还掌握了国际展车最高等级Q1标准的制作工艺，替代外国专家制作展车……

　　有人说，在技术创新方面王洪军是"软硬兼施"，硬的方面是发明工具，软的方面则是探索新的方法。"咱工人吧，虽然文化没有博士、硕士那么高深，但对本岗位工作是最清楚的。"王洪军觉得"学习比学历重要，态度比基础重要"。他天天想的是怎么干才能速度最快，用料最省，缺陷最少。

　　⭐ 王洪军创新的事迹对我们提高创新能力有什么启发？

　　培养自信心，有战胜困难的勇气和冒险精神，是提高创新能力的必要条件。要相信"创造力是人人都有的"，要敢于去做别人没想过、没做过或者做过却没成功的事。要以科学精神面对失败，认真找出失败的原因并探索新的道路，使失败变为成功的阶梯和创造的源泉。

　　敢于提出问题、善于提出问题，是提高创新能力的有效途径。创新要敢于质疑，不迷信权威，不迷信书本。首先，要敢于对一些保守

的习惯和传统产生怀疑。人一旦进入思维定式，就难以产生解决问题的新思路。其次，尊重书本知识，尊重权威，但不能迷信书本知识、迷信权威。善于创造的人是在认真学习和思考的同时秉持一种科学质疑或批判的精神，敢于走自己的路。最后，要敢于和善于提出各种问题，甚至包括一些在当时看来似乎"荒唐"的问题，这样做的本身就是对自己创造力的开发。

> 青年是社会上最富活力、最具创造性的群体，理应走在创新创造前列。
>
> ——习近平

感悟 与 体验

1.　20世纪90年代以来，世界各地把发展循环经济、建立循环型社会看作实施可持续发展战略的重要途径和实现方式。传统经济是一种"资源—产品—废弃物"单向流动的线性经济，循环经济倡导的是一种与环境和谐的经济发展模式，它要求把经济活动组成一个"资源—产品—再生资源"的反复循环流程，做到生产和消费"污染排放最小化、废物资源化和无害化"，以最小的成本获得最大的经济效益和环境效益。

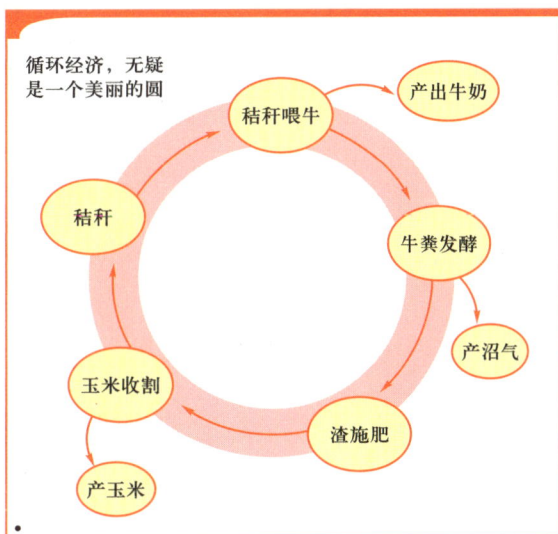

循环经济，无疑是一个美丽的圆

让循环经济之"圆"转起来

⭐ 结合上述事例，说明培养科学思维方法对我们认识世界和改造世界的作用。

2.　生活中的一些小事，看似简单琐碎，但对社会有很大的贡献。上海一名中学生，对误踩油门的交通事故进行调查发现：一般情况下，人在脚踩油门与急刹车时用的时间不同：前者用时1.5秒左右，而后者仅0.5秒。他据此发明了一套自动判断装置——一旦"发现"司机将油门误当成刹车去踩，则断开汽车发动机的点火线路，并自动刹车。如果将此项发明应用于现实生活中，将会大大减少因此类事故造成的经济损失和人员伤亡。

⭐ 列举事例，说明创新并不神秘，并说明我们应该如何创新。

3.　搜集材料，相互交流：搜集古今中外通过创新取得成就的典型人物的事迹，总结他们创新的经验，并谈谈这些事迹和经验对你的启发。

顺应历史潮流 树立崇高的人生理想

人需要理想，但需要人的、与自然界相适应的理想，而不是超自然的理想。

——列宁

理想和信念是一个人成长的动力和源泉。远大的理想、坚定的信念能点燃激情，激发才智，激励人们奋发向上。古今中外，凡是为人类进步事业作出杰出贡献的人，无不具有远大的理想和坚定的信念。人生不能没有理想。现实生活中，有的人实现了理想，而有的人却没有实现，这是为什么呢？青年学生应当树立什么样的人生理想？怎样正确树立崇高的理想呢？这就需要我们以马克思主义唯物史观为指导，了解历史发展的规律，处理好理想和现实的关系，增强社会责任感，自觉把个人理想融入实现中华民族伟大复兴的中国梦和中国特色社会主义的共同理想当中。

第 十 课 | 历史规律与人生目标

　　马克思主义哲学中的历史唯物主义也称为唯物史观，它是关于人类社会发展一般规律的科学理论。历史唯物主义认为，社会存在决定社会意识，物质资料的生产方式是人类社会存在和发展的基础。社会历史像自然界一样有自己发展的客观规律，但社会规律的实现要通过人的有目的的自觉活动。人民群众是历史的创造者，是推动历史前进的动力。人只有在正确认识历史发展规律的前提下，提出科学合理的行动目标，才能推动历史向前发展。

　　古希腊大哲学家亚里士多德向人们提出了实现成功的三点建议：首先，要有一个明确可行的构想，也就是一个目标；其次，用任何可行的方式来达成目标；最后，调整所用的一切方法，以达到成功。在这里，他突出强调了确立目标对人生发展和事业成功的重要性。古今中外，所有成功人士的经历也印证了这一点：确立人生目标非常重要。

　　人生发展必须有明确的人生目标，但并不是所有人生目标都能实现。确立和实现人生目标必须符合和遵循历史发展规律。

一、人生发展必须有明确的人生目标

1. 人生发展不能没有目标

　　某世界知名大学有一项非常著名的关于人生目标对人生影响的跟踪调查。调查对象是一群智力、学历、环境条件等都差不多的毕业生。调查结果是这样的：

　　3%的人有清晰而且长远的目标。25年中他们从未改变过目标，总是朝着一个既定的方向不懈努力。25年后，他们几乎都成了社会各界的顶尖级成功人士，其中不乏行业领袖、社会精英。

　　10%的人有清晰而短期的目标。25年后，他们的短期目标不断实现，成为各个领域中不可或缺的专业人士，大多生活在社会的中上层。

60%的人目标模糊。他们能安稳地生活与工作，但都没有什么突出的成绩，几乎都生活在社会的中下层。

剩下的27%，是那些25年来没有目标的人群。他们几乎都生活在社会的最底层，生活过得很不如意，常常失业，靠社会救济，并且常常在抱怨他人、抱怨社会。

⭐ 结合上面的调查结果，说明人生发展不能没有目标。

人生要有目标。人生有了目标就有了明确的努力方向。简单地说，人生目标就是人生活动动机的表现，从大的方面说，指一个人人生奋斗的方向，想要做什么、成为怎样的人；从小的方面说，指一个人在某一时期、某一阶段期望达到的目的。一个人有什么样的人生目标，就会成为什么样的人。

心中有阳光，脚下有力量，为了理想能坚持、不懈怠，才能创造无愧于时代的人生。

——习近平

相关链接

目标，是个人、部门或整个社会组织在一定时间范围内所期望达到的目的、标准和结果。在通常的语言表述中，目标经常与动机、目的、愿望、理想联系在一起。

人们的行为总是为了实现某种目标。目标的实现既是行为的结果，又是满足需要的条件。每个人活在世上都在思考自己想做什么，要成为怎样的人，这些关于人生活动动机的表现就是人生目标。

由于个人的兴趣、爱好、知识、能力、身体条件及家庭条件的不同，每个人的人生目标往往具有差异性。但是不管具体的人生目标是什么，它们都是人的创造性的表现，而这种创造性往往打上了社会存在的烙印。

人有了目标，人生才有方向、有追求。一个人如果没有目标，就像一艘轮船没有舵一样，只能随波逐流，无法掌控；就像射箭不知道箭靶的位置一样，永远无法射中箭靶。成功者之所以能够成功，很重要的因素是目标明确，时时盯着自己箭靶的位置。没有目标，生活将是盲目的、没有意义的。

2. 人的动机、目标与历史规律的关系

自然界中的打雷下雨、地球绕着太阳转、冬冷夏热等，都是自然界的事物相互作用造成的，是自然界规律发生作用的结果。

社会发展的必然性，是通过无数偶然性事件表现出来的。譬如：日本发动侵略我国东北的九一八事变后，蒋介石采取"攘外必先安内"的政策，对日本侵略者节节退让，却调集大量兵力打内战，"围剿"中国共产党领导的红军，镇压民主力量。在中国共产党的影响下，国民党爱国将领张学良、杨虎城，发动了震惊世界的西安事变，逼蒋抗日。这一事件促成了国共两党的第二次合作和抗日民族统一战线的形成。全国人民同仇敌忾，共同抗日，终于打败了日本帝国主义。从历史现象上看，张学良、杨虎城两位将军的义举和西安事变这一偶然事件的发生，改变了中国抗日战争的走向，影响了中国历史发展的进程。但这一事件的背后，是全国人民停止内战、团结一致、共同抗日的人心所向，是中国社会要求战胜日本帝国主义的不可阻挡的历史潮流。

⭐ 结合上面材料，说明与自然规律相比，人的动机、目标与历史规律的关系。

人是人类社会的主体，人的活动不同于动物的本能活动，是有思想意识、动机目标的活动。人的动机、目标和历史规律的实现都是通过人的自觉实践活动完成的。但是，人的动机和目标要受到人们实践活动和物质条件的制约，受到社会历史发展规律的制约。社会历史本身就是人的自觉选择和创造活动在顺应客观规律基础之上的过程和结果。

相关链接

自然规律是指自然界事物运动的规律。从规律起作用的方式看，自然规律发生作用的条件是在自然界各种因素相互作用的过程中自发形成的，是通过盲目的相互作用实现的。譬如：地震、海啸、日食、月食和春夏秋冬的发生或交替等都是自然规律自发的、盲目的活动，并不为人们所操纵。自然规律具有不以人的意志为转移的客观性，不能被人改变、创造或消灭，但能被人利用。自然规律可以离开人的实践活动而发生作用，不直接涉及阶级的利益。

社会规律得以存在并发生作用的必不可少的条件则是有目的、有意识的社会活动，它只有通过人的有目的、有意识的活动才能体现出来。

人的创造性体现在人是有动机、目的、意志、激情的，没有人的有目的的活动，历史就不会被创造出来，历史规律就不能实现。社会历史规律并不是独立于人的现实生活实践之外的客观力量，而是贯穿于人的自觉创造活动之中的。

社会发展史却有一点是和自然发展史根本不相同的……在社会历史领域内进行活动的，是具有意识的、经过思虑或凭激情行动的、追求某种目的的人；任何事情的发生都不是没有自觉的意图，没有预期的目的的。
——恩格斯

同自然规律一样，社会历史规律也具有客观性，不能被创造、消灭和改造。但是，社会历史规律与自然规律相比有其特殊性，主要表现在：其一，人类社会的一切活动都是由有意识的人参加的，社会发展的规律是通过人的有意识的活动表现出来的；其二，社会发展不是由某个杰出人物个人的作用决定的，而是无数人共同作用的合力的结果；其三，社会历史是通过无数偶然性事件来为自己开辟道路，偶然性事件的背后包含着社会发展的必然性。

3. 在人生目标导引下促进个人成长、推动历史发展

> 人生目标使你明确方向，意志更坚；
>
> 人生目标使你勇气倍增，激情点燃；
>
> 人生目标使你增强信心，排除万难；
>
> 人生目标使你破除杂念，勇往直前；
>
> 人生目标使你坚持不懈，不断完善；
>
> ……

⭐ 请补充完善上面对人生目标作用描述的语句，并说明我们应如何在人生目标的导引下促进人生发展。

无论是人生发展的道路，还是社会前进的道路，都是由目标导引的。我们要在人生目标的导引下促进个人成长、推动历史发展。

明确人生目标，就有了人生前进的方向。人生目标可以使人明确前进的方向，激发人的潜能，对人的发展具有鼓舞和激励作用。人生成功是一个逐步积累的过程，只有确定了明确的人生目标，才能让我们的活动在多样的选择和干扰中有聚焦的方向，引导我们朝着具体的目标一步一步地前进，避免走弯路和错路。没有目标就没有前进的方向，就会迷失人生的航向而永远无法到达成功的彼岸。

有这样一个实验：组织三组人，让他们分别向几十公里以外的三个村子步行。

第一组的人不知道村庄的名字，也不知道路程有多远，只告诉他们跟着向导走就行。刚走了两三公里，就有人叫苦；走了一半时，有人抱怨为什么要走这么远，何时才能走到；再走了一段后，有人甚至坐在路边不愿走了，越往后走他们的情绪越低落。

第二组的人知道村庄的名字和路段，但路边没有里程碑，他们只能凭经验估计行程时间和距离。走到一半的时候，大多数人就想知道他们已经走了多远，比较有经验的人说："大概走了一半的路程。"于是大家又簇拥着向前走，当走到全程的四分之三时，大家开始情绪低落，觉得疲惫不堪，而路程似乎还很长，当有人说："快到了！"大家又振作起来加快了步伐。

第三组的人不仅知道村庄的名字、路程，而且公路上每一公里处就有一块

里程碑，人们边走边看里程碑，每缩短一公里大家便有一小阵的快乐。他们在行程中用歌声和笑声来消除疲劳，情绪一直很高涨，很顺利地到达了目的地。

明确人生目标，就有了人生发展的动力。人生目标属于社会意识，是人的自觉能动性的体现，当人们的行动有明确的目标，并且把自己的行动与目标不断加以对照，清楚地知道自己的进行速度以及与目标的距离时，行动的动机就会得到强化，人就会自觉地克服各种困难，努力达到目标。没有目标就没有前进的动力。

明确人生目标，就有了人生成功的保障。社会历史规律是要通过无数个人发挥创造性才能实现的，人在实践过程中会遇到很多的困难和挑战，但是确立了人生目标，就能激励人们在社会生活中积极实践，攻坚克难，锲而不舍地不断进取，在社会实践中不断激发潜能，走上自己的成功之路，从而也对社会的发展起到积极的推动作用。

成功者与平庸者的最大区别之一，就在于有无明确的人生目标。人生成功往往是从明确人生目标开始的。胸怀大志、目标明确的人，即使身处困境，依然能自信乐观，向目标稳步挺进，从而创造出卓越的人生；胸无大志、没有目标的人，就像无根的浮萍，随风漂荡，蹉跎一生。

青年志存高远，就能激发奋进潜力，青春岁月就不会像无舵之舟漂泊不定。正所谓"立志而圣则圣矣，立志而贤则贤矣"。

——习近平

相关链接

明确人生目标的方法和注意事项：

（1）要确定实现目标的时间期限。目标可以是长期的、中期的，也可以是短期的，但必须有完成的时间界限。否则就会因目标模糊而难以实现。

（2）要确定的目标应切实可行，是可达成的、行得通的。确定目标要符合自己的实际。目标不能过低，过低的目标不必费多大力气就能够达到，容易造成懈怠；过高或过于遥远的目标，经过长期不懈努力，仍然达不到，则容易丧失达到目标的信心。

（3）要把确定的目标用明确的词句清楚地表述出来。目标可以用业绩表示（如推销多少件产品），也可以用时间表示（如每周3次，每次锻炼1个小时）。把目标清楚表述出来，有助于把目标定得具体可行，帮助人集中精力，发挥高效率。

（4）要把实现目标所需的条件列出。如，达到目标所需的知识和技能、对实现目标有帮助的人和团体、实现目标可能会遇到的障碍等。

（5）要确定不同目标的重要性，衡量后制定优先顺序。把整体目标分解成一个个小目标或阶段目标，根据不同时期的情况，区别对待。

把握人生之舟的航向，是通向成功的第一步。我们必须根据社会的需求和自己的实际情况确立一个明确的人生目标，并以这个目标为引领，去努力奋斗。只有这样，我们的人生才能在实现人生目标、推动社会发展的进程中获得成功。

二、实现人生目标必须符合历史规律

1. 不是所有的人生目标都能实现

有这样一则"杀龙妙计"的寓言：从前有个叫朱泙漫的人，要学习杀龙的技术。他变卖了家产，带了一千两黄金拜支离益为师，经过三年的学习，学成归来。有人问他究竟学了什么？他就把杀龙的技术——怎样按住龙的头、怎样踩住龙的尾、怎样从龙颈上开刀等，一一表演给大家看。大家问他，什么地方有龙可杀呢？他哑口无言，这才大悟：原来世界上根本就没有龙这种东西，他的本领是白学了，学习杀龙的目标也就无法实现了。

⭐ 结合寓言体现的道理，再列举事例，说明不是所有的人生目标都能实现。

人生目标属于社会意识，社会意识是社会生活的精神方面，包括人们的政治思想、法律思想、哲学、艺术、宗教等意识形态和人们的风俗习惯、社会心理等。社会意识是由社会存在决定的，是对社会存在的反映；社会意识对社会存在具有反作用，正确的社会意识对社会存在起促进作用，错误的社会意识对社会存在起阻碍作用。

人生目标作为一种社会意识，是人主动确立的，有正确与错误之分，判断其正误有许多标准，其中最重要的就是看其与社会历史发展的方向是否一致。在社会生活中，只有与社会发展的方向相一致，与社会发展的要求相融合，人生目标才会得到实现。

2. 社会历史发展的基本规律

透过扑朔迷离的历史现象，我们发现历史发展并不仅仅是年代的流转、朝代的更替，而且隐藏着一定的规律。

恩格斯在马克思墓前的讲话中提到，马克思一生有两大发现，即唯物史观和剩余价值学说。他说："正像达尔文发现有机界的发展规律一样，马克思发现了人类历史的发展规律，即历来为繁芜丛杂的意识形态所掩盖着的一个简单事实：人们首先必须吃、喝、住、穿，然后才能从事政治、科学、艺术、宗教等等；所以，直接的物质的生活资料的生产，从而一个民族或一个时代的一定的经济发展阶段，便构成基础，人们的国家设施、法的观点、艺术以至宗教观念，就是从这个基础上发展起来的，因而，也必须由这个基础来解释，而不是像过去那样做得相反。"

⭐ 结合上述文字及图示，说明社会历史发展是有规律的，并指出社会历史发展的基本规律是什么。

社会历史的发展是有规律的。人类社会的一切活动都是由有意识的人参加的，社会发展的规律是通过人有意识的活动表现出来的。每个人都在创造自己的历史，历史的发展是许多单个人的意志和力量相互作用的结果。

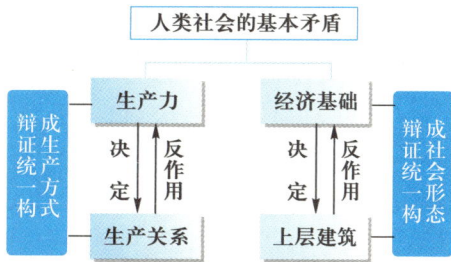

> 人们自己创造自己的历史，但是他们并不是随心所欲地创造，并不是在他们自己选定的条件下创造，而是在直接碰到的、既定的、从过去继承下来的条件下创造。
>
> ——马克思

人们创造历史的活动，最终会形成一个总的合力，这个总的合力不断推动社会基本矛盾的解决，从而实现社会历史的发展。

生产力和生产关系的矛盾、经济基础和上层建筑的矛盾，是贯穿人类社会始终的基本矛盾。生产关系一定要适合生产力状况的规律，上层建筑一定要适应经济基础状况的规律，是人类历史发展中起作用的基本规律。人类通过各种实践活动不断地解决社会基本矛盾，从而推动社会历史由低级向高级发展。

相关链接

人类要生存繁衍、要追求美好生活、要获得自身的解放和发展，首先必须解决衣食住行等物质生活资料问题。所以，马克思主义哲学认为，人类第一个历史活动就是生产满足这些需要的物质资料，物质资料的生产方式是人类社会存在和发展的基础。

生产方式是生产力和生产关系的统一。生产力决定生产关系，生产关系对生产力有反作用。当生产关系适合生产力的发展状况时，对生产力的发展起促进作用；当生产关系不适合生产力的发展状况时，对生产力的发展起阻碍作用。生产力与生产关系相互作用的矛盾运动，就是生产关系一定要适合生产力状况的规律。

物质资料的生产方式是人类社会存在和发展的基础

生产关系的总和构成社会的经济基础，建立在一定经济基础之上的社会意识形态以及与之相适应的政治法律制度和设施等的总和是社会的上层建筑。经济基础决定上层建筑，上层建筑对经济基础有反作用。当上层建筑适合经济基础状况时，会促进经济基础的巩固和完善；当不适合时，会阻碍经济基础的发展和变革。经济基础与上层建筑相互作用的矛盾运动，就是上层建筑一定要适合经济基础状况的规律。

社会历史发展规律是客观的。在生产力和生产关系、经济基础和上层建筑的矛盾运动中，人类社会由低级向高级发展，这是社会历史发展的总趋势。这个总趋势是前进的、上升的，其过程是曲折的。

> 封建社会代替奴隶社会，资本主义代替封建主义，社会主义经历一个长过程发展后必然代替资本主义。这是社会历史发展不可逆转的总趋势，但道路是曲折的。
>
> ——邓小平

3. 把握历史发展规律，实现人生目标

黄埔军校是 1924 年在孙中山领导下成立的一所培养军事政治人才的学校。徐向前和胡宗南是该校第一期的毕业生，他们都很有才华，都曾被留校，都参加了 1925 年的北伐战争。

战争中，徐向前目睹了军阀贪污腐败、官僚昏庸无能的现象，认识到"三民主义"救不了中国，共产党才是中华民族的希望，确立了用共产主义救中国的奋斗目标，并于 1927 年加入了中国共产党。在长期的革命战争中，他运筹帷幄，智勇兼备，善于以弱敌强，以少胜多，为夺取革命战争的胜利，创建中华人民共和国立下了不朽的功勋，是中华人民共和国元帅，是党和国家卓越的领导人。

胡宗南一生历经黄埔建军、东征、北伐、抗日战争、内战，成为手握几十万重兵、指挥几个兵团的将领，但他对蒋介石盲目服从、不辨善恶，抗战时避居西北拥兵称王，内战时则成了反动派急先锋，最后部队被逐个歼灭，逃到我国台湾地区又被弹劾，狼狈不堪。

⭐ 结合上述事例，说明实现人生目标应把握历史发展规律。

133

确立明确的人生目标，是走向人生成功的前提，但是人生目标的实现，需要我们顺应社会潮流，发挥聪明才智，用自己创造性的实践活动让自己获得成功，同时也推动社会的发展。

首先，实现人生目标，要坚定走中国特色社会主义道路的信心，把握社会需求，把个人的人生目标与国家需要结合起来。

相关链接

党的十九届四中全会强调，我国国家制度和国家治理体系具有多方面的显著优势，其中之一是坚持共同的理想信念、价值理念、道德观念，弘扬中华优秀传统文化、革命文化、社会主义先进文化，促进全体人民在思想上精神上紧紧团结在一起的显著优势。大家都熟悉中国古代名言"先天下之忧而忧，后天下之乐而乐""天下兴亡，匹夫有责"等，还有其他许多耳熟能详的传统名言，都说明中华优秀传统文化中包含许多具有独特魅力的人生价值观的思想。青年人要坚定文化自信，用中华民族这种传承了千百年的优秀文化、优秀价值观导航人生，用中国共产党人的革命文化和社会主义先进文化中的优秀价值观来导航人生。要在文化自信的基础上，使自己虚心而不骄傲，自信而不盲从，成功时学会思考，受挫折时保持镇定，在追求人生价值中奉献，在奉献中实现人生价值，这样才能经风不折，遇霜不败，逢雨更娇，历雪更艳，造就出青年人的光彩人生。

社会历史发展规律是客观的，人的主动创造性必须符合社会发展的需要。所以，要实现人生目标，我们首先要了解社会发展的实际需求，以此来引领自己确立正确的人生目标，从而在实现自己的人生目标的同时，也推动社会的发展。党的十九大提出："不忘初心，牢记使命，高举中国特色社会主义伟大旗帜，决胜全面建成小康社会，夺取新时代中国特色社会主义伟大胜利，为实现中华民族伟大复兴的中国梦不懈奋斗。"这使我们不但对中国特色社会主义事业充满了信心，对个人人生价值的实现也有了更为明确的目标。

　　小李大学毕业进入一家计算机公司，自进入公司的第一天起，他就为自己确定了奋斗目标：先做一个企业家，再成为一个政治家。为了实现自己的目标，小李不屑于做小事，喜欢接手一些有难度、有挑战性的工作，但以他的经验和能力又做不好这些，最后反而被老板炒了鱿鱼。

　　与小李在同一家计算机公司的同学小王，却与小李大不相同。小王进入公司的第一天，也为自己定下了一个目标：用两年的时间当上部门经理。从那天起，"部门经理"就像一面旗帜，他没有一天不按这面旗帜要求自己。目标真是一个奇妙的东西，它使小王每天都被工作的激情驱使着。虽然这样工作起来有些累，但劳累过后，看着自己的工作业绩，他便体会到生活的幸福。

　　不到一年，小王就被提拔到了主管的岗位，他工作起来更加努力了。因为有了目标，他感觉不到工作的辛苦，反而觉得是一种享受。他的工作能力和工作业绩得到了公司总裁的肯定，在当上主管后不到半年的时间里，他就被提升为部门经理，成了公司里提拔最快又最年轻的经理。

　　⭐　结合小李和小王的不同经历，说明确立人生目标需要符合自身实际。

　　其次，实现人生目标，需要我们认真分析主客观条件。要全面分析我们现在所处的外部环境，包括时代特征、国家的方针政策、社会经济发展情况等社会大环境，自己所在地区经济发展形势、所从事行业专业的发展情况、所处的家庭情况等小环境。全面分析自身所具备的条件，包括知识、能力、综合素质等方面的优势与不足，兴趣和特长有哪些等。只有分析清楚自己的主客观条件，实现人生目标才会切实可行。好高骛远、不切合自身实际的目标，是难以实现的。

　　心理学上有一个"阶梯理论"：如果让你一下子爬九层楼，你可能会受不了，但若把九层楼看作三个三层楼，再爬起来就轻松多了。对于我们学生来说，也可以把自己的目标分为一层一层的阶梯，按照长期目标、中期目标、短期目标的方式进行合理规划和安排，然后再一步一步地向上攀登。这样，我们就能知道如何具体操作，而且每天都会过得很充实。一个目标的实现就是一次进步，每一次进步都能累积信心，增添动力，从而更加明确下一步努力的方向，并为之不懈努力！

再次，实现人生目标，要制订详细计划，付诸实施。充分发挥人的主动创造性，结合自己的实际情况，将较为宏大的人生目标进行分解，制订短、中、长期计划。一个人的人生目标通过层层分解，最终会落实到每一天、每一件事上。应以最近的目标为指南，做好每一件事情，通过自己踏实的努力让计划付诸实践。

　　最后，实现人生目标，要能坚守正确的人生目标，持之以恒，坚持不懈。俗语说"无志者常立志，有志者立长志"。立一个长远的志向，并坚持不懈地努力，必定会有成功的一天。

感悟 与 体验

1. 古今中外，一切有作为、有成就的人，都是由于他们能清醒地认识到个人活动受社会发展的制约，并善于使自己的追求适合当时的社会实际、符合社会需要，从而获得成功。

⭐ 列举有关事例，说明个人的活动为什么要符合社会历史发展规律的要求。

2. 课间时，几个学生畅谈未来三到五年的规划：

A同学：我一入学就有规划，但总觉得计划不如变化快，我现在已经实习了，在三到五年内，我会在营销岗位上锻炼自己，之后我准备创业。

B同学：我只有一个目标——毕业三年后成为部门主管，五年后成为公司主管。

C同学：我希望用几年时间的积累让领导信任我并给我更大的舞台。

D同学：走一步看一步，把自己要做的事情做好就行。

⭐ 请结合上述事例，说明如何确立和实现人生目标。

3. 请你找出几个自己了解的成功人士早年确定的人生目标，结合自身实际谈一谈你要确立的人生目标。

第十一课 | 社会理想与个人理想

历史唯物主义认为，社会历史的发展要通过人的有目的的活动来实现，而人是有理想、信念，有激情，受意志支配的活生生的人。理想、信念等属于社会意识的范畴，是社会意识的表现形式。社会意识由社会存在所决定，同时具有相对的独立性并对社会存在发生巨大的反作用。理想是在一定社会存在基础上产生的一种追求美好未来的观念和意识，是人们的世界观、人生观和价值观在奋斗目标上的集中体现。

在经过了近两年的专业知识学习后，我们的职业理想已经变得更加具体而切实可行了。例如，有的可能希望成为一位技术娴熟的高级技工，有的可能希望拥有自己的公司成为老板，有的可能希望成为一名会计师，有的可能希望成为一名优秀的幼儿教师……

每个人都有自己的个人理想，追求和实现个人理想也是个人前进的源泉和动力。但实现个人理想需要正确对待理想与现实的矛盾，正确处理社会理想和个人理想的关系，在社会发展中规划个人发展，积极创造实现人生理想所必需的条件。

一、正确处理个人理想和社会理想的关系

1. 人生不能没有理想追求

理想信念是共产党人的精神之"钙"，必须加强思想政治建设，解决好世界观、人生观、价值观这个"总开关"问题。

——习近平

一项调查结果显示：目前包括中职生在内的中学生在理想问题上，有以下四种情况：

（1）理想肤浅、模糊，甚至没有明确的理想。如有人认为："理想的实现不由自己决定，没有理想也过得好好的。""我对未来没有什么想法，只想自由自在地过

日子。""一个中职生能有什么理想，过一天算一天吧。"

（2）有理想，但容易动摇，缺乏持久性和坚定性。如有人认为："我将来要成就一番事业，但一遇到困难就泄气。""模范人物的先进事迹，使我很感动，我也很想向他们学习，但做起来又觉得有许多困难。"

（3）把理想和职业等同起来，简单认为理想就是有一个称心如意的好工作。

（4）具有远大的理想，把个人理想与社会理想有机结合起来。

⭐ 想一想自己属于哪种情况。结合上述调查结果，说明人生不能没有理想追求的道理。

理想，一个多么美好的字眼，古今中外，多少文人墨客不吝笔墨对之讴歌赞颂。理想对一个国家、民族和社会的发展，对个人成长都有巨大的作用。

相关链接

理想的内容十分丰富，可以从不同的层次进行划分。按照性质，可以划分为科学理想和非科学理想、崇高理想与庸俗理想之别；按照主体，可以划分为个人理想、集体理想和社会理想；按照内容，可以划分为政治理想、道德理想、职业理想和生活理想等。

凡是符合事物发展规律的理想，是科学的理想；凡是不符合或违背事物发展规律的理想，是非科学的理想。我们所说的有理想，是指科学的、崇高的理想。

理想是人们对未来美好目标的向往和追求。理想是人们前进的巨大动力，指引着人生前进的方向；理想是凝聚人心、团结奋斗的精神支柱，也是人生的精神支柱；理想是战胜困难、夺取胜利的力量源泉，也是人生进步的力量源泉。

火车轮船需要动力才能朝着既定目标前进，动力越大，跑得越快；人生发展更需要动力。理想在人生发展中有着重大作用。一位思想家曾经用自然状态下的喷泉来比喻理想的作用：喷泉的高度不会超过它的源头；一个人的事业也是这样，他的成就绝不会超过自己的理想。理想有多高，成就便有可能达到多大。古今中外，多少科学家、思想家、文学家、军事家胸怀远大理想，引领光辉的人生历程，成就千秋业绩，为人类的生存与发展作出了卓越的贡献，在人们心目中筑起了不朽的丰碑。

"人如果没有理想，和一条咸鱼有什么分别？"这是一句电影台词。有人认为，有没有理想，还不是照样学习、吃饭、工作，理想没有什么作用。从表面上来看，有无理想都要学习、吃饭、工作。但是，有无理想，学习、吃饭和工作的质量是大不一样的。有理想的人生才是丰富的人生，有理想的人生才是充实的人生，一生为理想执着追求、奋斗不息的人生，才是有意义、有价值的人生。

每个人都应该有理想追求。理想是人生航程的灯塔，是我们人生奋斗的目标，一个人如果没有理想，生活不仅失去方向，而且会黯然无光。

2. 个人理想与社会理想的辩证关系

小谭从某中等职业学校毕业后，进了一家大型房地产公司做销售人员。由于她聪明能干、服务热情，很快便成为这家房地产公司的销售部经理。短短几年时间，通过小谭之手售出的楼房有上千套，她也得到了不菲的收入。

快乐的乡村女教师

但小谭从小就有一个梦想，那就是成为一名受孩子们爱戴和喜欢的教师。几年后，她毅然辞去了令人羡慕的工作，来到贫困落后的农村老家应聘做了一名乡村小学教师。除了白天认真给孩子们上课之外，晚上她还义务给村民讲科学种植、养殖知识。她还拿出自己的积蓄给学校添置了课桌椅、计算机、书籍等各种教学设备与资料。别人不理解她为什么这样做，她笑着回答："我觉得我现在所做的事情非常有意义、有价值！我觉得自己过得很充实、很快乐！"

⭐　小谭认为自己"所做的事情非常有意义、有价值",结合你的理解,谈谈个人理想与社会理想的关系。

个人理想是指个人在物质生活、精神生活、道德情操和职业发展等方面的追求和向往。由于每个人所处的社会历史条件、工作生活环境以及个人经历、年龄和兴趣爱好等不同,其奋斗目标也有层次的差异。个人理想包括生活理想、道德理想、职业理想和政治理想等。

相关链接

个人理想具有四方面特征:第一,现实的可能性。个人理想本身包含着现实的要素,尤其是反映着现实发展的客观规律和趋势,是经过努力能够在将来变成现实的合乎规律的想象。第二,超越性。个人理想是对现实合乎规律的超越,是比现实更高远、更美好的目标。第三,个体差异性。不同的人有着不同的理想,个人理想总是体现着个体的差异。第四,社会历史性。理想是一定社会关系的产物,带有特定历史时代的特征,不同时代的理想反映着当时的生产力水平和社会条件。

个人理想中的生活理想是个人对未来一定生活方式的向往和追求;道德理想是个人对做人的标准和道德境界的向往和追求;职业理想是个人对未来所从事职业的向往和追求;政治理想是个人在国家管理和自身仕途方面的向往和追求。

个人理想不是凭空产生的,而是在现实生活中形成的,是对客观现实的自觉反映。个人理想的确立不能简单地仅仅从个人角度出发考虑问题,一定要和社会背景、社会发展、社会理想相结合。

社会理想是人们对未来美好社会制度的向往和追求。各个时代的人都会提出自己的社会理想,而社会的发展进步也是一代又一代人不断提出社会理想并为之奋斗的结果。

相关链接

在我国历史上，有许多思想家和政治家对人类社会未来的前景作出了各种美好的描述。《礼记》中描述的"天下为公"，是我国古代人民所追求的最高社会理想——大同理想的最早蓝本。陶渊明的"世外桃源"，描绘了一幅没有剥削、没有压迫，人人劳动，平等、自由的美好生活图景，寄托了他的社会理想。洪秀全建立的"太平天国"，施行的《天朝田亩制度》提出"有田同耕，有饭同食，有衣同穿，有钱同使，无处不均匀，无人不饱暖"的口号，是农民阶级向往和追求的理想"天国"。康有为的《大同书》设计了一个无限美好的世界即"大同世界"。孙中山则把"世界大同""天下为公"作为自己的最高理想。

根据马克思主义的科学预见，共产主义社会将是物质财富极大丰富、人民精神境界极大提高，每个人自由而全面发展的社会。这是人类社会发展的必然趋势，是我们的最高理想。同时必须看到，共产主义社会只有在社会主义社会充分发展和高度发达的基础上才能实现，实现共产主义是一个漫长的历史过程。

青年的理想信念关乎国家未来。青年理想远大、信念坚定，是一个国家、一个民族无坚不摧的前进动力。

——习近平

现阶段我国各族人民的共同理想，是建设中国特色社会主义，把我国建设成为富强、民主、文明、和谐、美丽的社会主义现代化强国，实现中华民族伟大复兴。我国人民的这一共同理想，基于社会发展客观规律，基于中国历史发展规律和现实国情，符合全国人民的根本利益和共同愿望，必然受到全国人民的衷心拥护。

相关链接

综合分析国际国内形势和我国发展条件，从二〇二〇年到本世纪中叶可以分两个阶段来安排。

第一个阶段，从二〇二〇年到二〇三五年，在全面建成小康社会的基础上，再奋斗十五年，基本实现社会主义现代化……

第二个阶段，从二〇三五年到本世纪中叶，在基本实现现代化的基础上，再奋斗十五年，把我国建成富强民主文明和谐美丽的社会主义现代化强国。到那时，我国物质文明、政治文明、精神文明、社会文明、生态文明将全面提升，实现国家治理体系和治理能力现代化，成为综合国力和国际影响力领先的国家，全体人民共同富裕基本实现，我国人民将享有更加幸福安康的生活，中华民族将以更加昂扬的姿态屹立于世界民族之林。

——摘自党的十九大报告

实现共同理想，是实现共产主义理想的必要准备和必经阶段。实现最高理想，是实现共同理想的必然趋势和最终目的。在现阶段，我们为实现共同理想而奋斗，也就是为实现共产主义远大理想而奋斗。

个人理想和社会理想是辩证统一的。一方面，社会理想决定和制约着个人理想，个人理想以社会理想为导向。社会理想是个人理想实现的条件，违背社会理想的个人理想很难实现。因为人是社会中的人，任何个人都不能脱离社会而存在，正确的个人理想不能按照个人的主观愿望随意决定，个人理想的实现除了主观努力外，更多地取决于他所处的社会环境、时代条件，从根本上讲，个人理想是由社会理想决定的。另一方面，社会理想以个人理想为基础，个人理想体现着社会理想。社会理想不排斥个人理想，社会理想的实现，要靠社会成员当中每个个体的努力奋斗。

3. 自觉把个人理想融入共同理想之中

2013年2月，教育部党组发出《关于在全国各级各类学校深入开展"我的中国梦"主题教育活动的通知》，要求通过这一主题教育活动，教育引导广大学生深刻领会实现中华民族伟大复兴是中华民族近代以来最伟大的梦想；深刻领会每个人的前途命运都与国家和民族的前途命运紧密相连；深刻领会空谈误国，实干兴邦，"中国梦"的实现需要广大学生坚定理想信念，励志刻苦学习，积极投身实践，为把我们的国家建设好、发展好而努力奋斗。

⭐ 如何理解"中国梦既是民族的梦，又是每个中国人的梦"？

社会发展决定个人发展，个人发展受社会条件和发展规律的制约。只有顺应社会发展的个人理想才能得到实现。个人理想只有符合社会理想，个人的聪明才智才能得到正确、充分的发挥，个人的人生价值才能得到充分体现。个人理想只有同国家的前途、民族的命运相结合，个人的向往和追求只有同社会的需要和人民的利益相一致，才可能变成现实。青年学生只有把个人理想自觉融入中国特色社会主义的共同理想中，才能促进个人理想的实现。

个人理想怎样才会放出光芒呢？只有融入祖国和人民之中。范仲淹"先天下之忧而忧，后天下之乐而乐"的志向，杜甫的草屋为秋风所破，却志在"安得广厦千万间，大庇天下寒士俱欢颜"。正是因为他们的理想是为人民大众的，才被人们千古称颂。树立个人理想，要以国家的需要和人民的根本利益为基础。相信所有的中职生都希望自己能成才，但成才必须顺应历史发展趋势，建设中国特色社会主义、实现中华民族伟大复兴正是这样的历史发展趋势。

"志不立，天下无可成之事。"理想信念动摇是最危险的动摇，理想信念滑坡是最危险的滑坡。

——习近平

自觉把个人理想融入共同理想中，必须树立中国特色社会主义的共同理想，坚定走中国特色社会主义道路的信念，坚定实现中华民族伟大复兴的信心。

自觉把个人理想融入共同理想中，在确定个人理想时，必须立足于社会现实以及个人的客观实际，根据社会发展规划个人发展，使个人发展与社会发展同步，使人生规划紧扣时代脉搏。

一名中职生在作文中这样描述他选择专业的原因："我的家乡在深山之中，那里没有像样的路，乡亲们生活很困难。土路又滑又湿，每年都会发生人员伤亡的惨剧。因过河无桥，小学生上学要绕很大的弯子，走很多冤枉路。为了圆父老乡亲的梦，为了让家乡能够有一条像样的路、有一座像样的桥，我选择了道路与桥梁工程施工专业。"这位学生抱着使家乡脱贫致富的理想而选择了他的职业方向，确立了他的职业目标。

实现中华民族伟大复兴是中华民族近代以来最伟大的梦想，这一梦想为我们每个社会成员提供了展示才华的舞台。实现中国梦的伟大实践是个人理想的基础和取之不尽、用之不竭的力量源泉。我们只有把共同理想与个人理想结合起来，把倡导对国家、集体的责任感和奉献精神与满足个人的利益愿望、实现个人的价值统一起来，个人理想才会有深厚的社会基础和持久的生命力。

二、正确处理理想与现实的关系

1. 理想不能是空想和幻想

历史上人们曾经热衷于研制各种类型的永动机，其中包括达·芬奇、焦耳这样的科学家，还有一些希望以发明永动机出名和获利的骗子。在热力学体系建立后，人们通过严谨的逻辑证明了永动机是违反热力学基本原理的设想，从此之后就少有永动机的研究者了。制造永动机，是违背客观规律、根本无法实现的想象，是空想。

⭐ 列举事例，说明理想不能是空想和幻想。

理想与空想、幻想不同。理想是人的意识对现实的自觉反映，凝聚着人们对未来的憧憬和希望，召唤、激励着人们把它变成现实，具有能够实现的必要的现实条件，因而经过奋斗最终是可以实现的。

相关链接

幻想是创造性想象的一种特殊形式，由个人愿望或社会需要而引起，是一种指向未来的想象。积极的、符合现实生活发展规律的幻想，反映了人们美好的理想境界，往往是人的正确思想行为的先行。艺术幻想是一种创作手段，是作家不满足于模仿现实的本来形态，而按自己的需要来虚构形象的一种创作方法。它植根于生活，往往又对生活作夸张的叙述和描绘而达到一种升华，因而幻想中的事物比真实情况下的事物更活跃，更富色彩。幻想是童话的基本特征，也是童话用以反映生活的特殊艺术手段。

随着人类认识和实践的发展，有的幻想有可能转化为现实。如"嫦娥奔月"是几千年来我国劳动人民的一个幻想，现在，由于航天工业的发展，人类登上月球已经成为现实。

空想缺乏现实客观条件，是根本无法实现的想象。幻想在现实中有一定的根据，但这些根据还达不到实现的必要条件。

2. 理想与现实的辩证关系

小田从小喜欢绘画，一心希望未来的职业与绘画有关。可是，中考失利让她选择了职业学校，并且所选专业与绘画没有直接关系。

刚到学校时，她觉得职业理想无法实现，没有了学习动力。老师发现后，让小田负责班级的板报工作。通过努力，她把板报办得精彩纷呈。这渐渐培养起她对职业理想的期望。她制订了短、中、长期目标。短期目标：做好班级各项宣传工作，积极参加学校组织的各项美术活动，利用业余时间提高专业能力；中期目标：选择适合自己、与兴趣爱好有关的职业；长期目标：做个优秀的美术工作者。为了实现职业理想，她要求自己做好任何一项与美术有关的工作。她负责的板报一直是学校第一名。

小田还利用闲暇时间向装潢专业的同学请教。通过努力，她设计的板报风格独特，形式新颖，深受同学和老师喜爱。同时，她开始在班刊上大显身手……在3年的学习生活中，小田的综合素质得到很大提高。就业应聘时，很多单位看好她的能力，准备高薪录用，但她毅然选择了一家大型商场做普通美工。同时，小田考取了函授专科，继续充电。

经过锻炼，小田的绘画水平有了较大提高。为了更好地实现职业理想，她果断放弃已经熟悉的工作环境，应聘到报社做美术编辑。这项工作很辛苦，但她做得开心，得心应手。虽然如愿干上美编，但她没有放松。她说："理想与现实并不等同，但我相信付出会有回报。"

⭐ 结合小田的事例，说明理想与现实的关系。

　　在现实生活中，理想与现实之间不可避免地存在着各种矛盾，如同一句流行语所说的"理想很丰满，现实很骨感"。理想是比现实更美好的目标，现实总是有缺陷的。有的中职生不明白这个道理，往往把现实与理想等同起来，看到现实生活中一些丑恶、不合理的现象就全盘否定现实，产生悲观情绪。其实，正是因为现实生活中有许多不尽如人意的地方，才有了理想，才需要对现实进行改革。理想实现的过程，就是改变不合理现实的过程。

> ### 相关链接
>
> 　　对理想与现实的认识存在两大误区：
>
> 　　（1）"以理想来否定现实"的误区。有的人用理想的标准来衡量和要求现实，当发现现实并不符合理想的时候，就对现实大失所望，甚至极为不满。长期这样，可能会导致对社会现实采取全盘否定的态度，逃避或反对现实社会。
>
> 　　（2）"以现实来否定理想"的误区。有的人发现理想与现实的矛盾时，不加分析地全盘认同当下的现实，对于现实中一些消极乃至丑恶的现象不愤怒、不斗争，甚至与之同流合污。还有的人由于看到理想与现实的矛盾，而对理想失去信心和热情，"告别理想""告别崇高"，热衷于"实惠"，陷入拜金主义、享乐主义和极端个人主义的泥坑而不能自拔。

　　理想与现实是对立统一的关系。理想与现实是有区别的，它们是对立的：理想源于现实，但不等于现实，而是高于现实；理想是主观的，现实是客观的；理想是未来的，现实是当下的；理想是美好的，现实既有美好的一面，也有丑陋的一面。

理想源于现实，现实是理想的基础。任何理想都是一定社会历史条件和社会经济关系的产物，不可能脱离当时的客观条件。理想离开了现实就会成为无源之水、无本之木。但理想不等于现实，而是高于现实，由于人们不满足于现实，才产生了理想，才为美好的未来而奋斗。理想是现实发展的方向，是比现实更高远、更美好的目标。

理想与现实又是有联系的，它们是统一的：现实孕育着理想，包括理想实现的条件和因素，是理想的基础；在一定条件下，理想可以转化为现实。过去的理想已经变为今天的现实，今天的理想可以转化为明天的现实。

实现民族独立和人民解放，把半殖民地半封建的旧中国变为人民民主的新中国，这是鸦片战争以来无数革命先辈为之奋斗的崇高理想，中华人民共和国的成立和社会主义制度的建立，标志着这一理想已经变为现实。把我国建设成为富强民主文明和谐美丽的社会主义现代化强国，实现中华民族的伟大复兴，是现阶段我国各族人民的共同理想。经过中华人民共和国成立70多年特别是改革开放40多年来的努力，这一理想正在逐步变为现实，在各族人民的共同努力下，到21世纪中叶新中国成立一百年时，今天的共同理想将成为祖国的现实。

理想与现实之间的这种对立统一关系推动着人们不断地去改造现实，实现理想。当然，理想的实现需要一定的主客观条件，在主观条件中，艰苦奋斗是把理想转化为现实的重要条件，是实现理想的阶梯和桥梁。我们要努力创造更多的条件促进理想转化为现实，为实现理想而奋斗。

3. 在奋斗中将理想转化为现实

从全面建成小康社会到基本实现现代化，再到全面建成社会主义现代化强国，是新时代中国特色社会主义发展的战略安排。我们要坚忍不拔、锲而不舍，奋力谱写社会主义现代化新征程的壮丽篇章！

——摘自党的十九大报告

⭐ 为什么说理想转化为现实需要奋斗？

树立了理想后，关键是如何实现理想。俄国作家克雷洛夫曾做过一个精彩的比喻："现实是此岸，理想是彼岸，中间隔着湍急的河流，行动则是架在川上的桥梁。"也就是说，要把理想变为现实，必须付出辛勤的劳动，必须有实实在在的社会实践。不经过人们的劳动、实践和艰苦奋斗，任何理想的实现都是不可能的。

相关链接

从历史传统的角度来讲，艰苦奋斗是中华民族的传统美德和中国革命的光荣传统。中华民族以勤劳著称于世，历来有克勤克俭、艰苦奋斗的优良传统。许多至理名言，如"克勤于邦，克俭于家""历览前贤国与家，成由勤俭败由奢""忧劳可以兴国，逸豫可以亡身"等，至今仍有积极的现实指导意义。这一传统美德在我们党和人民中间发扬光大，成为中国革命的优良传统。

艰苦奋斗是指不怕艰难困苦，集中表现为艰苦创业精神。历史和现实表明，一个没有艰苦奋斗精神做支撑的民族，是难以自立自强的。任何时候，艰苦奋斗的优良作风不能丢，它永远是我们的传家宝。

青年学生必须积极创造条件，艰苦奋斗，在社会发展中实现自己的个人理想。

实现理想必须立足于现实，踏实肯干。任何理想的实现都离不开与现实的统一，如果不从现实出发，或者对环境的要求过于"理想化"，这也看不惯，那也看不惯，或者好高骛远，追求一些不切实际的东西，不仅使自己陷入无端的烦恼，降低实现理想的信心，而且会失去实现理想的依托。同样，如果没有实干精神，任何理想都将化为泡影。因此，我们为崇高理想而奋斗，就必须从现在做起，脚踏实地干好每一件事，防止眼高手低、光说不干的口头理想主义。因为，无论是共同理想还是个人理想，都需要通过脚踏实地的埋头苦干才能实现。

一进入职业学校学习，李娟就立志成为一名优秀的储蓄员，坐在储蓄柜台后，为各种各样的顾客服务。

为了实现这个梦想，李娟在校期间勤奋学习，刻苦练习储蓄员的基本功——点钞，每天坚持练点钞两三个小时，常常被练功券、捆扎带割破手指，鲜血浸透了练功券和捆扎带……最终她以优异的专业成绩被录用到某市邮政局储蓄科工作。

李娟在储蓄员的岗位上虚心学习，刻苦钻研。她把在学校学到的现代礼仪和服务知识运用到储蓄服务工作中去，并把临柜服务作为一门学问来做，潜心研究客户心理和需求，逐步摸索出一套针对不同客户心理、性格而采取的个性化服务方法，力求达到客户"进门舒心，出门放心"的服务效果。李娟的努力工作吸引了一批批固定的客户群，为企业创造了良好的经济效益和社会效益。

李娟就是这样立足平凡工作岗位，努力学习，锐意进取，在汗水中体味充实的快乐，实现着自己的梦想。

实现理想必须从点滴做起，要有坚忍不拔的意志。任何美好理想的实现，都是由无数平凡、琐碎的具体努力积累和发展起来的。平凡的工作，正是向理想靠近的阶梯。每一个有志青年都应该从眼前做起，从平凡做起，充分施展自己的才华，一步一步达到理想境界。同时，理想的实现不可能是一帆风顺的，而是一个曲折迂回的过程。缺乏坚忍不拔意志的人往往容易对已经确立了的理想发生动摇，或缺乏使之实现的信心和决心，因而无法使正确的理想转化为实践活动。只有那些在达到目标的过程中面对阻碍全力拼搏的人，才有可能顺利到达理想的彼岸。

感悟 与 体验

1. 某中职学校学生小王，对计算机情有独钟，其目标是毕业后成为一名计算机技术人员。毕业前夕，他去一家计算机公司面试，同时竞争的还有两位男生，都毕业于名牌大学计算机系。老板对他们一视同仁，给的试用期是三天，工作是卖软件。其中一个当即就放弃了。三天后，另一个竞争对手也主动放弃。最后，小王留在了岗位上，做了一个月软件售货员之后，他成了这家公司的一名技术人员。

为什么那两位名牌大学计算机系毕业的本科生主动放弃这份工作，而中职毕业的小王却获得了成功？原因很简单，因为那两位大学生跨不出自己给自己画的圈，他们认为，只是做销售员的工作，与自己的目标实在差得太远。

⭐ 在实现理想的过程中，我们应该如何跨出"自己给自己画的圈"？

2. 收集与所学专业相关的名人、岗位明星、榜样人物事迹，并讨论交流：他们是如何将个人理想融入社会发展中，如何创造条件、克服现实困难、实现个人理想的？

3. 学校组织"我的中国梦"主题教育活动，请你结合个人专业实际，以"让'我的梦'与'中国梦'共振"为题，写一篇小短文。

第十二课 | 理想信念与意志责任

历史唯物主义认为，理想信念、主观意志和责任感作为社会意识都是从一定的社会存在中产生的，但它们一经产生就会对人的行为，进而对集体和社会产生巨大的影响。我们要坚定理想信念，增强意志，敢于承担责任。

现任中国残联主席张海迪，幼年时因为一场严重的疾病导致胸部以下失去知觉，造成高位截瘫，1991年又做了癌症手术。在残酷的命运面前，她没有沮丧、沉沦。她没有上过一天学，却以惊人的毅力自学完中小学和大学的课程，获得硕士学位。她还自学英语、日语、德语和世界语，翻译了大量的小说和资料。至今，她仍然在顽强地同病魔抗争，为社会作贡献。她说："虽然我不能像正常人一样站着或是走路，但我要像正常人一样，有一个伟大的理想，并向着这个理想而努力奋斗。"

张海迪的成长及其"海迪精神"启示我们，实现理想的道路从来都不是一帆风顺的，需要我们有坚定的信念、坚强的意志、强烈的责任心和敢于担当的精神。

一、实现理想要有坚强意志

1. 实现理想离不开坚强的意志

在一次重大军事行动中，身为侦察大队"第一捕俘手"的丁晓兵，在敌人阵地生擒一名俘虏。回撤途中，为掩护战友和俘虏，他抓起敌人投来的手雷向外扔。刹那间，手雷突然爆炸，他的右臂被炸得只存一点皮肉。为了把任务完成到底，他以惊人的毅力用匕首割下残臂，扛着俘虏，冒着炮火翻山越岭4个多小时才与接应分队碰上头。而就在此时，他一头栽倒在地，战友们以为他牺牲了，紧紧抱着他，不忍让他就此而去。路过的前线医疗分队切开他的腿部动脉血管强行压进2 600CC血浆。独臂英雄与死亡擦肩而过。

丁晓兵常以"人可以有残缺之躯，但不可有残缺之志"自勉，始终以昂扬的斗志迎战军旅生活的每一次跨越。他从用左手拿筷子、系腰带、练写字开始，克服常人难以想象的困难，在较短的时间内具备了基本生活技能。为了练好打背包，他一个人躲在房间里，手、脚、嘴并用，练得手指磨破了皮，嘴角流出了血……凭着这股不甘平庸、永不服输的锐气和力量，丁晓兵走到哪里，就把红旗扛到哪里。从任指导员到任团政委，丁晓兵和他所带领的单位累计获得280多个奖牌、奖杯和证书，这些奖牌、奖杯和证书真实地记录了他自强不息、追求不止的奋斗足迹。

⭐ 结合上述事例，说明实现理想离不开坚强的意志。

在实现理想的道路上，坚强的意志发挥着重要的作用。意志是人自觉地确定目的并支配行动、克服困难、实现目的的心理过程。如运动员在参加竞赛前为了取得好的成绩，坚持不懈地训练等。意志是人的意识能动性的集中体现，是人类特有的心理现象，是在人类认识世界和改造世界的需要中产生的。意志总是和行动紧密相连，通常称为意志行动。

相关链接

个体在意志过程中表现出来的意志品质是各不相同的。一般把意志品质归纳为自觉性、果断性、自制性和坚持性四个方面。

自觉性指一个人在行动中具有明确的目的性，认识到行动的社会意义，自觉调节行动的品质。这种品质以坚定的信念和科学的世界观为基础。具有自觉性的个体不会轻易受外界的干扰和影响，信念坚定，能接受有益的意见，能克服困难去执行决定。

果断性指一个人善于明辨是非，适时而合理地采取决定并执行决定的品质。具有果断性的人，能全面、深刻地考虑行动的目的和方法，在决断事情时能当机立断；在行动时，敢作敢为，及时行动，毫不动摇；在不需要立即行动或情况发生变化时，能立即停止已经作出的决定。

自制性指一个人善于控制自己的情感，约束自己言行的品质。自制性集中反映出意志的抑制职能。自制性强的人，一方面善于控制自己或迫使自己去执行所作出的决定，自觉地调节自己的言论和行动；另一方面又善于控制自己的情绪冲动，保持情绪的稳定，表现出应有的忍耐性。

坚持性指一个人在执行决定时，以充沛的精力和顽强的毅力，百折不挠，克服重重困难，坚持到底的品质。具有坚持性品质的人经得起长期的磨炼，不怕挫折和失败，锲而不舍，抵制各种干扰，不达目的誓不罢休。

科学研究和无数事实表明，意志对人的身心发展起着非常重要的调节作用。坚强意志是行动的强大动力，是克服困难、获得成功的必要条件。有坚强意志的人，能自觉地为达到预定目的而行动，不惧怕人生的逆境，敢于与艰难困苦作斗争，努力去争取光明的前景。缺乏意志或意志不坚强，往往会使人陷入各种矛盾之中，怨天尤人、半途而废、悲观失望，甚至产生厌世情绪。

意志是人生发展的精神支柱。具有坚强意志的人才能到达理想的彼岸。凡有成就的人，都有坚强的意志，都有一种百折不回的精神，"锲而不舍，金石可镂"。人生发展离不开坚强的意志，实现理想离不开坚强的意志。

2. 理想、信念与意志的关系

一个独自穿行大漠的旅行者在一场突如其来的沙暴中迷失了方向，更可怕的是，旅行者装水和干粮的背包也被大风卷走了。他翻遍身上所有的衣袋，只找到一个泛青的苹果。"啊，我还有一个苹果！"旅行者惊喜地叫着。

他紧握着那个苹果，独自在大漠中寻找出路。每当干渴、饥饿、疲乏袭来的时候，他都要看一看手中的苹果，抿一抿干裂的嘴唇，陡然又会增添不少力量。

顶着炎炎烈日，踏着茫茫沙漠，旅行者已数不清摔了多少跟头，只是每一次他都挣扎着爬起来，踉跄着一点点往前挪，他心中不停地默念着："我还

154

有一个苹果，我还有一个苹果……"

三天以后，旅行者终于走出了大漠。那个他始终未曾咬过一口的青苹果，已干巴得不成样子，他还宝贝似的一直紧攥在手里，久久地凝视着。强烈的求生意愿和信念把他拉出了死亡的边缘。

⭐ 结合上面的故事，说明理想、信念与意志的关系。

理想和信念既有区别，又有密切联系。理想是人们对未来美好目标的向往和追求；信念是人们在追求理想中表现出来的孜孜以求、不懈奋斗的意志力。

> 俗话说：人生如屋，信念是柱；柱折屋塌，柱坚屋固。如果说社会是大海、人生是小舟，那么理想就是引航的灯塔，信念就是推进的风帆。没有理想信念的人生，就像失去了方向和动力的小船，在生活的波浪中随处漂泊，甚至会沉没于激流险滩。青年时代是人生风华正茂之际，崇高的理想、坚定的信念将帮助一代有为青年扬起生命的风帆，开辟和探索人生新的道路。

理想是信念的根据和前提，信念是理想实现的重要保障。信念是人们追求理想目标的强大动力，信念一旦形成，就会使人坚定不移地追求理想目标。要实现理想，就要努力追求理想，而坚定的信念、执着的追求、不懈的奋斗是通向理想彼岸的桥梁。在实现理想的征程中，信念是战胜各种困难的支撑力量、精力集中的凝聚力量、持之以恒的稳定力量和聚集各方的感召力量。

相关链接

信念具有复合性、稳定性、执着性、多样性等特点。

复合性：信念是人的认识、情感等的统一。稳定性：信念一旦形成就不会轻易改变。执着性：具有坚定信念的人的精神状态和行为状态是稳定的，具有持久性。多样性：不同的人由于成长环境和性格等方面的差异而形成不同的信念，但也有共同的信念。

信念的特点表明：人们对事物的认同和情感紧密相连，因而有信念行为就会更加坚决；信念与人格密切相关，因而有信念就可以坚定自己的观点和原则；信念体现人的精神状态和行为状态的稳定，因而有信念就可以使人充满热情、全神贯注、始终不渝地为理想奋斗；众人能够具有共同信念，因而信念可以形成巨大的社会力量。

理想信念坚定，骨头就硬，没有理想信念，或理想信念不坚定，精神上就会"缺钙"，就会得"软骨病"。

——习近平

实现理想要有坚强的意志，坚强的意志是实现理想所必需的主观条件。人的意志以具有明确的目的性为特征，它既能发动符合于目的的某些活动，也能制止不符合于目的的某些活动。人的意志与克服困难相联系，克服困难的过程也就是意志行动的过程。人在实现理想的道路上不会一帆风顺，必然会遇到这样那样的许多困难，没有坚强的意志是无法前进的。

每个人在青少年时期，都萌发过成功的欲望，勾画过朦胧而美好的理想蓝图，可是为什么不是每个人都能如愿以偿呢？一个很重要的原因，就在于有没有坚强的意志、坚定的信念，能不能经得起困难的磨砺、各种风险的考验。只有那些意志坚强、信念坚定的人，才能充分展示自己的才华而获得成功。

面对机遇和挑战，有的人有拼搏向上的勇气，却难有坚持到底的恒心意志。在一定意义上说，做事情成功与否，意志和信念起到了关键的作用。成功的大门，从来都是向意志坚强的人敞开的，甚至可以说只向意志坚强的人敞开着。李时珍艰苦跋涉31年，尝尽百草后著成了《本草纲目》，靠的是坚强的意志；居里夫人12年中不怕挫折失败，终于从几十吨矿石中提取了几克镭，靠的也是坚强的意志。意志是探索中的自信，困难下的勇气，岁月中的磨炼。而只有意志坚强的人，才能战胜一切困难，取得最后的成功。

增强意志必须坚定理想信念，坚强意志和坚定信念是实现理想的重要保证。坚强的意志品质具体表现为有明确理想目标、坚持不懈、处事果断、不怕困难并勇于克服困难、善于自制等。具有坚强意志的人，有着追求既定目标的坚定性，为实现目标而全身心地迎接各种挑战，顽强地与逆境作斗争。具有坚强意志的人，有着较强的自制力，能掌控自己的情绪，抵制各种诱惑，在复杂的情况下能保持冷静。具有坚强意志的人，有敢作敢为的果断性，面对复杂情况仍沿着预定的目标，勇敢行动，直至成功。

3. 坚定理想信念，磨炼坚强意志

刘宏——"焊花"绽放美丽

1990年，20岁的刘宏成了首钢的一名焊工。从此，刘宏和焊接结缘，美丽的"焊花"成了她的亲密"伴侣"。多年来，气焊、气割、手工焊条电弧焊、氩弧焊……刘宏样样拿得起来，是首钢电焊高级技师中唯一的女性，获得了"北京市劳动模范""全国五一劳动奖章""全国劳动模范"等荣誉称号。

这个来自密云山村的姑娘非常要强，刚学电气焊实操时，为练好"蹲"这个基本功，她每天都比别人多蹲两小时。刘宏那时的体重是70多公

刘宏——"焊花"绽放美丽

斤，蹲着特别费劲，为了能蹲得稳，她坚持每天锻炼，3个月下来，硬是减到了50多公斤。为使体形适合焊工需要，再累再饿她也严格控制饮食。每次拿起焊把练活儿，一干就是半天，人被焊烟呛得头晕眼花，脸烤脱了皮，眼睛被弧光晃得又红又肿，胳膊和腿上烫得尽是伤疤，爱美的她自干上焊工后就很少再穿裙子。但她从不退缩，反而练到了痴迷的地步。师傅和工友评价她身上有"三多"：焊条比别人用得多，汗水比别人流得多，身上被烫出的伤疤多。

电气焊不但要有精湛的操作技术，还要掌握高深的理论知识。刘宏为此搭上了所有业余时间，平时下班后和公休日都去上课，回家不管多晚，都要把当天的笔记整理出来，经常学习到后半夜。她整理的笔记有厚厚十几本。为了找到自身的差距，刘宏报名参加了"2009劳动榜样"的"中国首届焊工电视大赛"。进入决赛的6名选手除刘宏外都是男性，而且他们都是焊接领域里顶尖的技术高手。刘宏凭借着自己扎实的焊工技能和过人的胆量，一路过关斩将，冲进了总决赛并一举夺得了第一名。

⭐ 指出刘宏在成长过程中，磨炼自己意志的具体表现。

⭐ 结合刘宏的事迹，谈谈中职生如何坚定理想信念、磨炼坚强意志。

最重要的是人的团结，要团结就要有共同的理想和坚定的信念。我们过去几十年艰苦奋斗，就是靠用坚定的信念把人民团结起来，为人民自己的利益而奋斗。没有这样的信念，就没有凝聚力。没有这样的信念，就没有一切。

——邓小平

坚强的意志、坚定的信念对人生成长有着重要作用。人生应该有崇高的理想、坚定的信念和坚强的意志，这既是国家和社会对个人的要求，同时也是个人发展进步的需要。拥有崇高理想信念和坚强意志的人生是充实而幸福的。

坚强的意志、坚定的信念不是与生俱来的，也不是自发形成的。它是在教育的影响下，经过长期的锻炼培养和多方面的打造，自觉磨砺形成的。它包括形成科学的世界观、人生观和价值观，有明确的奋斗目标，养成健康积极向上的性格，掌握必需的知识和技能，培养高尚的道德情感，参加各种必要的社会实践，学习各方面的道德楷模，在日常生活中加强自身修养等，从而逐步形成坚强的意志、坚定的信念。

坚定理想信念，磨炼坚强意志，需要我们中职生坚持不懈地从各方面锻炼。"宝剑锋从磨砺出，梅花香自苦寒来。"我们中职生要注意在日常学习和生活中，加强个人修养，培养良好的学习和生活习惯。要在课堂学习、实训实习和社会实践中磨炼意志，不怕脏、不怕苦、不怕累，积极动手操作，努力掌握知识和技能。要积极参加体育锻炼，在各种体育活动中强身健体、强健体魄。要在参加学校和社会组织的各种活动中克服和战胜困难，磨炼意志，锻炼自我，完善自我。

相关链接

意志坚强主要表现在四个方面：第一，富有主见。在工作和学习中能自觉排除各种干扰和诱惑，独立行动并完成任务。第二，处事果断。能迅速地判断发生的情况，很快作出决定，遇到紧急情况和困难时刻，当机立断，毫不迟疑地采取坚决的措施和行动。第三，坚持不懈。能够长期保持坚韧的毅力，顽强地克服各种困难，坚持到底。第四，善于自制。能够做到忍耐和克制，自觉控制和调节自己的情绪、言语和行为。

　　坚定理想信念，磨炼坚强意志，需要我们中职生有恒心、从小事做起。理想信念、意志品质都不是一下子就培养起来的，需要在日常生活中，从点滴小事做起，要有持久的恒心毅力。如平时要遵守学习与生活制度，要及时独立地完成作业，做事要有始有终等。培养意志的过程，大多要配合一项计划实施的过程，利用计划管理行动、提高效率、达成目标，每一次成功都会使意志力进一步增强。

　　有一名体育爱好者，酷爱游泳。有一次他想横渡一条长河，不料那天河上起了大雾，他朝着目标方向游去，游了好久也游不到岸边，于是他灰心地掉头游了回去。第二天，天气晴朗，他又下河向岸边游去。他吃惊地发现，他昨天游到的地方离岸边仅仅不到一百米！他十分感慨地说："昨天，只要再坚持十多分钟，就会成功了，可惜我没有坚持下去！"

　　一个人的坚强意志往往是在克服困难的过程中磨砺而成的。只有在实现理想的道路上永不懈怠，持之以恒，才能实现目标。

二、实现理想要敢于担当

1. 实现理想离不开责任担当

　　代旭升，一名初中毕业生，从普普通通的采油工人，成长为胜利油田首席技能大师、山东省首席技师、全国技术能手，获得了"全国五一劳动奖章""全国劳动模范""中国高技能人才楷模"等荣誉称号。

　　1972年，代旭升从美丽的海滨城市青岛来到一片盐碱荒滩的胜利油田，

代旭升在工作中

成为一名采油工。面对艰苦的工作环境和条件，他从王进喜的先进事迹、大庆会战精神、工友们在艰苦的工作生活条件下战天斗地的火热场面中，不断坚定了"多采知识才能多采油，开发油田必先开发心田"的理想信念，决心成长为一名合格的石油工人，为祖国石油工业作贡献。

40多年来，代旭升把对本职工作的深厚情感，对油田、社会、国家的强烈责任感，融入技术革新的历程中。他说："只有根植好自己的心田，才能更好地为油田开发建设贡献更大力量。""技能大师要在油田发展中担当更大的责任。""为国家多产原油是应尽的责任，为子孙后代留下碧水蓝天更是责无旁贷的使命。"

⭐ 结合以上案例，说明实现理想离不开责任担当。

年轻一代要有历史机遇感、责任感、使命感，努力在创新上脱颖而出。

——习近平

理想的实现与个人的责任有着密切的联系。责任通常有两方面的含义：一是指分内应做的事，如职责、岗位责任等；二是指没有做好自己的工作，从而应当承担的不利后果或强制性义务。责任是外在义务要求和自我担当的结合，更多侧重在人的自觉意识。

相关链接

责任产生于社会关系中的相互承诺，伴随着人类社会的出现而出现，有社会就有责任。

在社会大舞台上，每个人都扮演着一定的角色，而不同的角色往往意味着不同的责任。作为子女，孝敬父母是我们的责任；作为学生，遵守学校纪律、完成学习任务是我们的责任；作为朋友，忠诚、互助、互谅是我们的责任；作为普通公民，爱国守法、诚实守信是我们的责任……要扮演好各种角色，必须尽到自己的责任。

责任有个人的责任和集体的责任。个人的责任指一个完全具备行为能力的人必须去履行的职责；集体的责任指一个集体必须去承担的职责。

敢于担当是人生的宝贵品质，也是实现理想的必备品质。大凡作出重大贡献的人，都有强烈的责任感。当我们有了责任时，就会自动自发、尽心地履行自己的职责，当出现问题时敢于承担自己的责任。责任感是衡量一个人精神素质的重要指标。只有敢于担当责任的人，才能实现理想。

2. 理想信念与责任的关系

◆ 2013年6月，教育部网站公示了十名"全国师德楷模"，"80后"的陈美荣榜上有名。2009年从贵州师范大学对外汉语专业毕业后，陈美荣被招聘为贵州省普安县罐子窑镇红卫小学"特岗"教师。她把职业当事业，忠实践行"贵州教师誓词"，用实际行动丰富着"贵州教育精神"内涵。

她深入每家每户开展家访，全面了解农村现状，力排众议，深入"麻地"（麻风病患者居住地）家访，并在"麻地"吃饭，用实际行动消除群众对麻风病患者及其后代的歧视心理和谈"麻"色变的态度。

◆ 曾有心理学研究人员对世界100名各个领域中的杰出人士做了调查：除了聪颖和勤奋之外，他们究竟靠的是什么呢？这些杰出人物的答案几乎不约而同：任何的抱怨、消极、懈怠，都是不足取的。唯有把工作当作一种不可推卸的责任担在肩头，全身心地投入其中，才是正确与明智的选择。

⭐ 结合上面事例和调查，说说理想信念和责任的关系。

理想信念与责任是密切联系的。自觉的责任与坚定的信念、坚强的意志都是实现理想必须具备的主观条件。

从人生实践来看，要把理想转变为现实，至少必须具备三个主观条件。第一，要有坚定的信念。即面对困难要有"不达目的不罢休"的志气，"明知惊涛骇浪险，偏向风波江上行"的勇气，"气岸遥凌豪士前，风流肯落他人后"的霸气和"只要思想不滑坡，办法总比困难多"的锐气，信心满怀，咬定青山，百折不挠。第二，要有坚强的意志。把理想付诸实践，使意志自律和客观他律统一起来。第三，要有自觉的责任。即为了实现理想而积极地找出正确的途径和方法，设计可行的计划和方案，扎扎实实地保证理想的实现。面对个人理想与现实条件的矛盾，要及时检验理想、修正计划，把理想与现实条件结合起来，采用更好的、更切合实际的行动策略。

一切视探索尝试为畏途、一切把负重前行当吃亏、一切"躲进小楼成一统"逃避责任的思想和行为，都是要不得的，都是成不了事的，也是难以真正获得人生快乐的。

——习近平

理想、信念与责任是干事创业的力量源泉，是人生发展、事业成功的重要条件，它们之间是密不可分、相互联系、相辅相成的。人的理想信念，反映的是对社会和人自身发展的期望。有什么样的理想信念，就意味着以什么样的期望和方式去改造自然和社会、塑造和成就自我。一个有崇高理想的人，也应当是一个高度负责的人，敢于担当的人。

理想是人生的指示灯，责任是实现人生理想和事业成功的重要保证。人生如果失去了理想，就会失去面对生活的勇气。人生一旦失去了责任，则意味着理想的实现失去了保证。因此，人生要有远大的理想，更要有高度的责任。

责任与理想联系在一起。人不能没有理想，理想是责任、能力、信念的源泉，没有坚定的理想，责任、能力、信念就无从谈起；理想更是一个民族、一个国家、一个政党生存和发展的方向和动力。回顾党的发展史和执政史，一代又一代的优秀共产党员，正是以"为共产主义奋斗终生，随时准备为党和人民牺牲一切"的理想为方向和动力，不论碰到怎样的危险和困难都毫不犹豫地挺身而出，以无私奉献和全心全意为人民服务的精神，在人民群众中树立了党组织和党员的崇高威信。

追求进步、正直的人都会有自己的理想信念，而理想信念与责任相关联。责任有丰富的内涵，可以从不同层次、不同形式来区分，可以从不同领域、不同角度去认识。一切追求文明和进步的人们，应该基于自己的良知、信念、觉悟，自觉自愿地履行责任，为国家、为社会、为他人作出贡献。在社会大舞台上，只有人人都认识到自己所扮演的角色，尽到自己的责任，才能共同建设和谐美好的社会，共享美好的幸福生活。

敢于承担责任，是实现理想的必要条件，是坚定信念、实现理想的精神动力。理想是对未来美好生活的追求，没有理想，责任无从谈起。同样，没有责任感，也无法实现理想。理想给我们方向，责任给我们动力，责任是实现理想的助推剂。只有对自己负责、对家庭负责、对社会负责的人才能实现自己的理想，才能获得人生成功。

3. 加强修养，承担起社会责任

◆《说句心里话》

说句心里话我也想家

家中的老妈妈已是满头白发

说句实在话我也有爱

常思念（那个）梦中的她

……

既然来当兵

就知责任大

……

有国才有家

你不站岗我不站岗

谁保卫咱祖国谁来保卫家

◆　1985年，李文波毕业于中国海洋大学，当年入伍，1991年调入海军南沙守备部队，经常赴南沙永暑礁守礁。截至2019年4月，他先后38次赴南沙执行守礁任务，累计守礁142个月，向联合国教科文组织和军内外气象部门提供了丰富的水文气象数据，创造了国内守礁次数最多、时间最长、成果最丰的纪录，受到了联合国教科文组织的高度评价。长期处于恶劣环境下的生活，使李文波的身体大不如从前，风湿病越来越重，但他仍然坚持守礁。除了坚守岗位，李文波还不断创新，为守礁工作总结经验，编写教材。他设计出了南沙第一套水文气象月报表程序，还编撰完成了《海洋水文气象观测》教材。

⭐ 结合《说句心里话》歌词和上述事例，谈谈中职生应该怎样承担社会责任。

我国知识分子历来有浓厚的家国情怀，有强烈的社会责任感，重道义、勇担当。一代又一代知识分子为我国革命、建设、改革事业贡献智慧和力量，有的甚至献出宝贵生命，留下了可歌可泣的事迹。

——习近平

实现国家富强、民族复兴、人民幸福的中国梦，离不了青年的实干，离不了青年的创造力，更离不了青年的责任担当。青年人在追求理想的征程中，要有强烈的社会责任感。

人生要有强烈的社会责任感。社会由个人组成，个人离不开社会，个人的发展离不开社会；个人应对社会履行责任，社会的发展离不开每个人对社会的责任。承担社会责任是作为公民应尽的义务。一个人的人生价值不仅取决于个人的发展，更重要的是他为社会和他人尽了自己的责任，作出了应有的贡献。

相关链接

责任感是一个人在社会生活中对自己和他人、家庭和集体、国家和社会负责的认识、情感和信念，与之相应的遵守规范、承担任务和履行义务的态度，以及对自己行为的后果所应有的承担。责任感从本质上讲既要利己，又要利他人、利事业、利国家、利社会，而且当自己的利益同国家、社会和他人的利益相矛盾时，要以国家、社会和他人的利益为重。

社会责任感有其丰富的内涵。它要求人有崇高的理想，健全的人格；要求人勤奋学习，敬业奉献；要求人公正诚信，团结友善，关心集体，艰苦奋斗等。

　　杭州司机吴斌，在生命的最后一分钟，以超乎常人想象的毅力，将大巴车靠边停稳，拉住手刹，亮起双闪，打开车门，甚至还叮嘱乘客"别乱跑"……支撑他的是内化到血液中的意识：司机的职责，就是把乘客安全及时地送到目的地。吴斌的英雄壮举不是偶然的，他生前十多年安全行驶百万公里，从未发生违章，从未有过乘客投诉。

　　武汉公交司机张兵，从1986年开始驾驶公交车，曾因急刹车受到一位老婆婆的埋怨。为此他在驾驶台上放杯水练习开车平稳，水杯不加盖，开车不稳，水洒了，就罚自己不喝水；进站停车不直、不准，就往一个盒子里丢颗豆子。日复一日，年复一年，苦练不止，精益求精，杯中的水越来越多，盒里的豆却越来越少，车越开越稳，越停越稳。几十年来，张兵做到了安全行车，零违章、零事故、零投诉。

　　两位平凡的司机，两个感人的故事，告诉我们一个简单的道理：无论从事什么工作，都要认真履行职责。

　　我们中职生要承担起社会责任，必须加强自身修养，勇于担当，锤炼意志。培养自己的责任心，必须从加强修养做起，包括不断提高自身的思想政治素质、道德素质、法律素质和心理素质等。要有明确的政治方向，热爱祖国，能自觉践行社会主义核心价值观，遵纪守法，具有良好行为习惯和健全人格，要增强自信心、乐观向上，培养团结互助、诚实守信、爱岗敬业、勤俭节约、艰苦奋斗的优良品质，学会合作与竞争，提高应对挫折、适应社会的能力。

　　大到"天下兴亡，匹夫有责"，小到"集体的荣誉就是我的荣誉"，都是责任的细化和具体要求。青年学生大都满怀理想，但同时也肩负着责任。

　　青年学生要对自己负责，对自己的生命负责，尽可能地把时间用在学习和发展上；对自己的言行负责，做到言而有信；对自己的命运负责，树立奋斗目标，靠自己的努力实现理想。

　　青年学生要对家庭负责，听从家长和亲人的忠告，不辜负他们的期

责任

对家庭负责、学会孝敬；对自己负责、学会求知；对集体负责、学会关心；对社会负责、学会报答。

望，力所能及地为家庭分担一些责任。

青年学生要对他人负责，要对同学负责，对身边的人负责，同学之间要相互关心，相互帮助，团结友爱。

青年学生要对班级、学校等集体负责，要认真遵守校纪校规，积极参加班级和学校组织的爱国主义、公民道德素质和职业道德教育等各项活动，在高雅活泼、积极健康的校园文化中教育自己，在互助互爱、团结协作的班级集体中成长。

我们中职生要敢于对社会负责、对国家负责。要时刻关心国家的发展，树立"天下兴亡，匹夫有责"的责任意识，确立每个人都是国家主人的社会责任认知，积极履行法律要求的公民的责任和义务，通过参加实践活动培养社会责任感，以自己的实际行动为实现国家富强、民族复兴、人民幸福的中国梦作出贡献。

我们中职生要承担起社会责任，必须从小事做起，提高勇于担当的意识。责任感的培养要从一点一滴做起，在具体活动中养成。平时要锻炼独立做事的能力，养成做事情有始有终的习惯。

感悟 与 体验

1. 下面是一些伟人、名人关于磨砺意志的论述，思考其中包含的道理，再查找类似的论述，并谈谈对自己的启示。

不管遇到什么障碍，我都要朝着我的目标前进。——马克思

吾志所向，一往无前，愈挫愈奋，再接再厉。——孙中山

我的最高原则是：不论对任何困难，都决不屈服。——居里夫人

2. 列举一两个意志坚强、事业有成的事例，结合事例说明坚强意志对个人成长的作用。

3. 中职生的责任心可分为国家民族责任心、集体责任心、家庭责任心、自我责任心等。请你选择其中一个方面，谈谈你准备如何培养自己的责任心。

在社会中发展自我
创造人生价值

> 一个人的价值应当看他贡献什么，而不应当看他取得什么。
>
> ——爱因斯坦

　　关注自我、思考人生价值，是青年走向独立的一个突出特点，也是青年开始走向成熟的一个重要标志。任何人的生存和发展既是个体的，又是社会的。人生价值只有在奉献社会的劳动中才能实现。那么，为什么说人生价值是社会价值与自我价值的统一？我们应如何正确处理个人与社会、奉献与索取、个性自由与全面发展的关系？这就需要我们以历史唯物主义为指导，了解人的本质，明确社会进步与人的全面发展的辩证关系，自觉地在社会中发展自我、创造人生价值。

169

第十三课 | 人的本质与利己利他

历史唯物主义认为，人总是生活在一定的社会关系当中，总是实践着的、现实的人，即社会的人。劳动以及人的其他各种活动，都是在社会关系中进行的，人的多方面的全面的发展也只有通过社会并在社会中才能实现。人与社会的关系不是抽象的，总是具体表现为个人与集体、自己与他人等方面的关系，每个人只有处理好公与私、义与利、利己与利他的关系，才能实现人生发展。

小于，某中职学校建筑装饰技术专业毕业，22岁开始创办建筑装饰公司，短短几年在业内就已小有名气。他说自己成功的秘诀就是一心为客户着想。拿到一个工程项目，如果选择廉价材料和报酬低的工人，短时间内自己可能获利，但结果是失去更多的机会；反之，多为客户着想，严抓质量，客户满意了，就会口口相传，带来更多的客户，自己的利益也得以实现，达到企业与客户的"双赢"。

人生活在社会中，都会遇到利益关系，都不能回避利己和利他的矛盾。对利己和利他关系的处理、解决，是对人生发展的考验。只有深刻把握人的本质，正确看待并处理利己和利他的关系，才能实现人生价值。

一、正确处理利己与利他的关系

1. 人生发展不能损害他人的利益

小李是一位软件工程师，刚从一家软件公司离职，来到另一家公司面试。他非常想得到这份工作，做了非常充分的准备，对面试官的提问对答如流。他看出面试官对他的表现非常满意，但他知道这个职位有很多人在争取。为了坚定面试官录用自己的意向，他提出可以拿出自己在原公司时开发的应用程序，相信对新的公司会有价值。

⭐ 假如你是面试官，你会录用小李吗？为什么？

　　人生发展始终伴随着利益关系。人生活在世界上，不能没有衣、食、住、行等方面的基本生活资料，不能没有自己的利益追求，从这个意义上也可以说，人不能不利己。但是，自己利益的实现不能脱离社会，脱离他人，更不能以损害他人利益为前提。

> ### 相关链接
>
> 　　所谓利益，就是人们在物质上和精神上得到的好处。在所有利益中，经济利益具有基础地位。人们在劳动、生活中，必须有利益保障，必须有物质利益的支持、政治利益的保障、精神利益的导向。同样，任何一个合法的组织，在遵循法律的前提下，都有自己的合法权益，并追求和实现自己的利益最大化。
>
> 　　利益关系是指不同利益主体之间的社会关系，也就是围绕着利益的占有所发生的人与人之间的关系，其核心是物质利益。它表现为个人与个人之间的利益关系、个人利益与群体利益的关系以及个人利益、集体利益和社会利益之间的关系等。

　　人生的利益是在社会关系中实现的，事实上，社会生活中每个人的利益的实现都离不开他人，利己与利他是统一的。把个人利益和他人利益割裂的观点是不正确的。一个人要想得到发展，就要为他人和社会作贡献、谋福利。

2. 人的本质是社会的人

　　1920年，印度人辛格在狼窝里发现了两个狼孩，小的约两岁，带回不久就死了。大的约8岁，女孩，取名卡玛拉。卡玛拉由于自幼生长在狼窝里，在回到人类社会后相当长的时间里，仍难以改变狼的习性。她怕强光，只吃肉，夜里嚎叫，四肢爬行。经过辛格的悉心照料与教育，她2年才学会站立，6年才学会行走，7年才学会45个词，到17岁临死时，其智力水平才相当于4岁的正常儿童。这说明，一个人一旦脱离了人类社会，失去了人类社会的生活条件和环境，其人性也会随之丧失。

　　⭐ 结合上述事例，谈谈你对人的本质属性是社会性的理解。

人在社会中，个人与社会的关系问题是重要的基本问题。个人利益的实现以及对利己与利他关系的处理，都是以个人和社会的关系为基础的。人不仅是自然的人，更是社会的人，是自然属性与社会属性的统一。

相关链接

人的自然属性是人生存发展的生理基础。人的自然属性是指人的生理结构、生理机能和生理需求等，它主要表现为以人的生理结构为物质前提的生理活动，是人类得以生存和延续的前提条件。人的生存和发展，总要受到自然规律的制约。

人的社会属性是指人在社会生活方面的特点。主要表现在：第一，人是社会的产物。第二，人的生产劳动具有社会性。从事生产的人只能是处在一定社会关系中的社会的人。第三，人的生活具有社会性。人们的物质生活和精神生活的多种需求，必须依赖于社会。社会属性是人的本质属性。

在图书馆学习

人的本质不是单个人所固有的抽象物，在其现实性上，它是一切社会关系的总和。

——马克思

社会性是人的本质属性，是人类特有的属性，它揭示了人区别于动物的特殊本质。人是自然进化的结果，更是社会劳动的产物。人是自然存在物，具有自然属性，人更是社会的存在物，具有社会属性。但是，人的自然属性不同于动物的自然属性，人的自然属性不是纯粹的生物本能，而是打上了社会关系烙印的自然属性。

一般来说，我们每个人都生活在一定的家庭里，都有自己的家乡、亲人、同学、朋友、同事，都从事一定的职业活动。在社会生活中，人们的活动必然要受到国家的经济、政治、法律、文化的影响和制约。在这些关系的影响下，一个自然人发展成为掌握一定文化、参与一定社会生活、扮演多种角色的社会的人。因此，考察人和人的本质绝不能脱离人的社会性。离开了人的社会联系，就没有人的存在，就没有现实的、具体的人。

人不能脱离自然界和人类社会孤立地存在。人只能在社会中生存，任何人都不能孤立地生活在世界上，个人只有在与他人的结合中才能保证自己的存在，只有在与他人结成的各种关系中，才能证明自己的存在。人也只能在社会中才能发展。动物的行为都是生物遗传的结果，而人的行为则主要是社会遗传的结果。人的发展是在生产实践、交往活动和社会关系中实现的。

个人与社会是辩证统一的关系。一方面，个人是社会中的人，个人的生存和发展离不开社会；另一方面，社会是由个人组成的，任何社会的存在和发展都是个人努力与集体合作的结果。

相关链接

社会不是居于个人之上、个人之外的。社会是现实的个人之间的一种关系体系。社会是随着人的出现而产生的，没有个人就没有社会，社会的存在和发展是所有个人活动所形成的"合力"的结果，个人活动的总和推动着社会整体运动及其发展。

不同岗位的劳动者

个人与社会的关系，归根到底是个人利益与社会整体利益的关系。个人与社会都有生存和发展的需要，个人生存和发展的需要体现在社会关系中就是个人利益，社会生存和发展的需要体现在社会关系中就是社会整体利益。在社会主义社会，个人利益与社会整体利益在根本上是一致的，个人利益的满足离不开社会利益的实现，社会利益也不能脱离个人利益的需要而独立存在。

3. 在服务社会关爱他人中实现利己与利他的统一

年轻人问父亲："我想开商店，应该做些什么准备呢？"父亲说："要做的事很多，如打扫街道、对需要帮助的人伸把手……"年轻人半信半疑，但还是照父亲说的做了。半年后，年轻人的商店开始营业，顾客非常多，街坊邻居差不多都成了他的客户，生意越做越好。

⭐ 年轻人想开商店，为什么父亲要让他做打扫街道之类的事情？在现实生活中，如何正确看待利己和利他的关系？

人生活在社会中，经常会遇到一些利益关系问题。人生发展要实现个人利益，必须要正确处理利己与利他的关系。利己与利他是人生中经常遇到的一对矛盾。每个人都是社会中的人，个人的生存与发展都离不开他人与社会，要获得人与社会的全面发展，就要坚持利己与利他的统一。

相关链接

所谓利己，是指人们在一定范围内，维护自己的利益，其行为叫作利己行为。所谓利他，是指人们在一定界限内维护他人的利益，其行为叫作利他行为。处理好利己与利他的关系，是人生的一个重要问题。

利己和利他关系的层次性表现在：大公无私，这里的无私并不是不要个人利益，而是反对利己主义、自私自利，反对损人利己、损公肥私，要求人们公正无邪；先人后己、先公后私，即先考虑公家之利和他人之利，并坚持自利利人、利己利公的一致的行为选择；先己后人、先私后公，这是比较低层次的选择；损人利己、损公肥私，这是一种不道德的选择，并为古今人们所共谴。

从前有一对师徒，依靠师傅在下面以肩膀托着木杆，徒弟爬到木杆顶上表演维持生计。

　　有一次，师父对徒弟说："你在上面守护我，我亦在下面守护你，互相扶持，到处表演，便能多赚财利。"

　　徒弟却说："应该是我俩分别在上面和下面守护自己，就能多获财利。"

　　师父回应道："你所说的和我所说的没有分别。全靠我们紧密合作，才会有安全而成功的演出，你守护自己就是守护我，我守护自己就是守护你。"

　　⭐ 运用利己与利他的关系，列举事例，谈谈你对"你守护自己就是守护我，我守护自己就是守护你"的理解。

　　第一，关爱他人，服务社会。作为社会中的人，仅仅维护自己的正当利益是不够的，还要发扬助人为乐的精神，热情地关心、帮助他人，积极地服务社会，这不只是个人应尽的社会责任，也是个人自身发展的需要。作为中职生，必须要正确认识个人与社会的关系，正确处理利己与利他的关系，在关爱他人、服务社会的过程中实现自我的发展。

　　要坚持"我为人人，人人为我"的处世原则。"我为人人，人人为我"集中体现了人的社会本质，也反映了个人的存在、发展既需要个人的努力，又需要他人的帮助和支持。实际上，在社会生活中，每个人每时每刻都在享受着别人的劳动成果，即"人人为我"。而"我"作为社会的一分子，也应该努力为别人、为社会贡献力量，即"我为人人"。在一定意义上，社会是一个庞大的服务站，个人既是服务者，又是服务的对象。个人在为社会、他人服务的同时，也在为自我服务。因此，首先应强调"我为人人"，大家都为社会、为他人服务和作贡献，社会才能和谐进步，个人才能获得自身发展所需的社会环境和条件。

　　第二，维护个人的正当利益。个人追求和维护正当利益应予以支持和提倡，个人对自身利益的正当追求，是人的生命得以延续的基本保证，也是人们从事一切活动的基本动力。正是人们对美好目标的不断追求，才推动着社会的发展、人类的进步。同时，当个人的利益得到保障和满足时，也就为个人更好地利他提供了坚实的基础。

　　第三，反对损人利己。个人争取自己的利益，不得以侵占、损害他人的正当利益为手段。如果无视和损害他人利益、社会利益，只顾追求个人利益，虽然会一时达到利己的目的，但会使人在社会交往中失去信任，最终损人又害己。

二、正确处理公与私、义与利的关系

1. 人生发展不能只顾个人利益

孙茂珲是一名消防队员，他爱自拍、会玩滑板，他工作努力，参军三年，五次立功受奖。2012年2月1日，苏州工业园区一家电子企业突发大火，作为搜救组成员之一的孙茂珲，头戴面罩、身背氧气钢瓶，和战友一起迅速展开了搜救工作；经过两轮搜救，130多名被困员工被成功营救。得知还可能有需要救助的人被遗漏时，孙茂珲请求再次进入火灾现场："队长，让我和浩君再进去看看吧，我们熟悉里面的情况！"就这样，孙茂珲和王浩君第三次探入火海深度搜救，不幸牺牲。

⭐ 结合孙茂珲的感人事迹，谈谈在义与利发生冲突时，你会作出何种选择。

人在社会活动中会遇到义与利的考验。义与利的关系主要包括两个层面：一是物质追求和精神追求的关系，二是个人私利和社会公利的关系。在人生发展过程中，还会遇到公与私的冲突，即集体利益与个人利益之间的冲突。面对义与利、公与私的矛盾时，问题的关键在于以什么态度对待、以什么原则来解决冲突。

在实际生活中，我们要正确对待公与私、义与利的关系。一方面，要正视个人的合法利益，满足个人正当合理的要求，调动每个人的积极性；另一方面，在公与私利益关系发生矛盾的时候，要处理好个人和集体的关系，不能只顾个人利益，要树立正确的义利观，将国家利益、人民利益作为价值选择的出发点。

> ## 相关链接
>
> 　　义利问题，就是道义和利益的关系问题。所谓"义"，是指道德准则或道义要求，亦指道义所要维护的公共利益。与"义"相对应的"利"，一般是指物质利益或物质功利，其中包括公利和私利，但在更多的情况下主要是指私利。义利问题既涉及道德与物质利益的关系问题，又涉及公利和私利的关系问题。
>
> 　　"利"促成了人与人、人与社会、人与自然的种种关系，推动着人类社会朝着利益追求的方向不断发展。每个人的生活环境、经济基础、科学文化水平、思想道德水平及政治觉悟不一样，其"利"也各有不同。在社会主义市场经济条件下，对个人利益的追求只要能遵纪守法、诚实劳动、合法经营，只要没有损害国家、社会、集体和他人的利益，都应当支持和鼓励。

　　在实际生活当中，片面地强调"义"或"利"和片面地强调"公"或"私"都是错误的。要处理好义与利、公与私的关系，首先就需要了解个人和集体之间的关系。

2. 个人与集体的关系

　　"一滴水怎样才能不干涸？"答案是"把它放到江、河、海洋里去"。这个答案看似简单，但蕴含着深刻的哲理。它形象地说明了集体和个体的关系。孤零零的一滴水，风一吹，就会干涸；土一吸，就会无影无踪。而把它放到江、河、海洋里，它的生命就获得了新生。个人利益和集体利益之间的关系就像这一滴水与江、河、海洋的关系。

　　⭐ 结合上述材料，谈谈你是如何看待个人与集体的关系的。

　　个人是组成集体的细胞，集体的存在和发展离不开每个成员的努力；集体则是个人生存的依靠，是个人成长的园地，个人的生活、学习和工作都离不开集体。两者之间是相互依存、相互作用的。

　　一方面，个人依赖于集体。集体是个人生存和发展的依靠。个人作为社会的人，在不同程度上以不同方式依赖社会所提供的物质生活和精神生活条件而生存，都要自觉或不自觉地从集体中汲取智慧和力量以求自身的发展。一旦脱离社会，游离于集体之外，个人就无法生存，更谈不上发展。

另一方面，集体也离不开个人。集体的发展离不开每个成员的共同努力，个人作用的发挥是集体力量发挥的前提，一个积极向上的集体需要每一个成员的共同维护，离开了成员的努力，就谈不上集体的存在和发展。

> "我＋我们＝完整的我（I+We=Fully I）"，这是美国著名心理学家英格列出的公式，意思是说，个人只有把自己融入集体中，才能最大限度地实现个人价值，绽放出完美的人生。

只有在共同体中，个人才能获得全面发展其才能的手段，也就是说，只有在共同体中才可能有个人自由。

——马克思

集体和个人是相互依存的，集体存在和发展了，个人利益才有可能实现。集体利益得不到巩固，就没有个人利益可言。集体是个人发展的空间，是实现人生价值的舞台；只有集体利益得到巩固，才有个人利益可言。

相关链接

社会主义集体主义原则的总体要求：第一，强调集体利益与个人利益根本上是统一的，两者相辅相成、辩证发展；第二，在集体利益与个人利益发生矛盾的情况下，个人要顾全大局，把集体利益放在首位，必要时为了集体利益、他人利益而放弃个人利益；第三，强调集体利益高于个人利益的同时，集体必须尽力保障个人正当利益得到满足，促进个人价值的实现，并力求使个人的个性得到自由全面的发展。

齐心协力

社会主义集体主义原则是建立在对人的本质正确认识和把握的基础上的，它实际上是对个人利益与集体利益相互依存、相互促进关系的反映，也是处理公与私之间关系的基本准则。

3. 树立正确的义利观

市场营销专业毕业的中职生小周，在家乡经营一家小商店。由于当地社会风气不好，加上假货泛滥，他的生意陷入困境。有人劝他，想要赚钱就要找些不正当的门路。他不愿意靠歪门邪道赚钱，可不这样又似乎难以为继，他陷入深深的困惑中：难道要生存，就得把自己变得丑恶吗？

⭐ 结合实际谈谈我们应该具有什么样的义利观。

坚持义利统一的原则，摆正各种义利关系。我国是社会主义国家，国家、集体、个人利益在根本上是一致的，义利统一成为必然的趋势和方向。但义利之间，国家、集体、个人之间也会有矛盾和对立，因此要正确处理个人、集体与社会三者之间的利益关系。要兼顾个人、集体的利益，坚持以人为本，调动个人、集体的积极性；同时又要坚持集体主义的基本原则，顾全大局，反对本位主义、小团体主义和极端个人主义，以广大人民的根本利益为出发点，把国家利益放在首位，把个人利益、集体利益与国家利益统一起来。

相关链接

个人主义把个人与社会对立起来，一切从个人需要和个人幸福出发。个人主义发展到极端，就会为了个人利益而不择手段地损害社会和他人利益。

集体主义原则主张集体利益高于个人利益，提倡在个人利益与集体利益发生矛盾时，个人利益要服从集体利益；必要时为了集体利益而放弃个人利益，甚至为捍卫集体利益而献身。

要正确对待公与私的关系。社会与个人的关系，从某种意义上讲，就是公与私的关系。所谓的公，就是社会或社会利益；所谓的私，就是个人或个人利益。公与私是对立统一的。其对立表现在，它反映了不同利益对象及其要求。其统一表现在，对全局而言为私的利益，在一个局部就是公共利益，公与私是相对的。个人的私利在任何社会都要受到限制，它的平衡需要依靠制度、法律和道德，这是维护社会共同利益的客观需要。在实际生活中，我们要提倡坚持集体主义原则，反对损公肥私，反对把个人利益凌驾于集体利益之上。

> 财经专业毕业的中职生小李，实习时在银行做柜员。每天营业结束时，都要做最后核算，有时为了一块钱，大家要核对几个小时。一开始小李觉得这事没有必要，可是师傅告诉他们，千万不要小看这一块钱。有的员工因为少了一块钱，自己掏出来补上；有的因为多一块钱，把钱装到自己的兜里。师傅说，这不是一块钱的问题，这是原则问题。

要正确对待义与利的关系。义与利具有统一性，二者可以统一在公共利益上，公共利益既是利益追求，又是道德目的，在这里利益和道德得到统一。义与利又有对立的一面，有的时候、有的情况下，义与利不能同时兼得。但是义和利并不是针锋相对、水火不容的。在实际生活中，具体情况虽然比较复杂，但只要分清公利和私利，权衡大利和小利，就不难找到道德把握的界限。

明确义与利的标准。唯物史观认为，顺应历史发展潮流，符合大多数人的利益，有利于社会发展和进步的思想和行为，就是义，否则就是不义。利有正当的利和不正当的利，通过正当途径和合法手段获得的个人利益，就是正当的利，正当的利就应该努力争取。

坚持义利统一，就要鼓励人们在不损害国家、社会和他人利益的前提下，通过正当途径和合法手段去追求自己的物质利益。既要反对拜金主义、见利忘义，也要避免只讲义、不讲利。

拜金主义是一种金钱至上的思想道德观念，认为金钱不仅万能，而且是衡量一切行为的标准。它会导致人与人之间损人利己、钩心斗角、尔虞我诈，不顾国家、集体、他人的利益，导致社会道德沦丧、物欲横流，危害国家、集体，也危害个人。

义与利的辩证关系，要求我们坚持义利统一的原则，应当见利思义，以义制欲，以义导利，营造义重于利、见义勇为的优良社会风尚。

感悟 与 体验

1. 1985年，陈俊贵举家搬迁到天山乔尔玛，为班长郑林书守墓。30多年来，他们一家人过着与世隔绝的生活，生活的艰难让妻子提前苍老，也让孩子不理解，而陈俊贵作出这样的牺牲只是因为当年班长郑林书的一个馒头。

1980年，由于暴雪，在天山独库公路修路的两个营被困在乔尔玛段，已经断粮3天。去山下给团部送信的任务落在了郑林书的班上，郑林书带着陈俊贵和另外两名战士一头扎进风雪中，路途中的艰难使郑林书和另一名战友牺牲在了路上。牺牲前，郑林书把带给大家生的希望的最后一个馒头交给了陈俊贵，靠着这个馒头，陈俊贵等到了救援。

记者见到陈俊贵时，他的第一句话是："对我在这里守护班长几十年，现在的人肯定很难理解，因为没有那段经历吧。你的命是另外一个人给的，你会怎么样呢？其实感情比钱重要得多，如果我对班长说，把这个馒头给我吧，我给你两万元、三万元，班长肯定不会答应的。"

⭐ 你理解陈俊贵的行为吗？你认为义与利是等值的吗？它们可以替换吗？结合实际和大家谈谈你的义利观。

2. 食品安全问题是我国近年来一个备受关注的经济和社会问题。从"苏丹红事件"到"问题奶粉"，有问题的食品严重地影响了国人的健康，造成了严重的后果，也带来了巨大的经济损失。此外，这些食品安全事件极大地影响了我国食品安全的国际声誉，给我国产品的信誉造成了恶劣的影响，削弱了我国产品的国际竞争力。这种现象反映了市场经济下道德的缺失，是义利观的严重失衡。

⭐ 结合本课义利观的学习，开展多种形式的社会调查，分析市场经济条件下出现的道德问题，思考在社会主义市场经济条件下，如何处理义与利的关系，并提出相应的对策。

3. 李大钊说："真正合理的个人主义，没有不顾社会秩序的；真正合理的社会主义，没有不顾个人自由的。"结合这段话，思考如何正确处理个人与社会的关系。结合个人实际，谈谈生活中遇到的个人利益和集体利益、国家利益发生矛盾的情况，你是如何处理的？

第十四课 | 人生价值与劳动奉献

　　历史唯物主义认为，社会性的物质生产劳动是人类所特有的，是人类社会存在和发展的基础。劳动创造了人和人类社会，人类又用劳动创造财富、创造文明、创造价值，使人类社会不断发展和进步。青年学生要牢固树立劳动光荣、劳动奉献的观点，用智慧的双手，用辛勤的劳动创造自己的人生价值。

　　人生价值的问题十分重要，每个人都希望自己的人生是有意义、有价值的。党的十九大报告指出，要解决好世界观、人生观、价值观这个"总开关"问题，自觉做共产主义远大理想和中国特色社会主义共同理想的坚定信仰者和忠实实践者。

　　中国特色社会主义进入了新时代。近代以来久经磨难的中华民族迎来了从站起来、富起来到强起来的伟大飞跃，迎来了实现中华民族伟大复兴的光明前景。历史赋予当代中国青年要做"担当民族复兴大任的时代新人"的光荣使命，每个年轻人的劳动奉献与人生价值的创造，都是与这个社会发展的新时代紧密相关的。当代青年只有把自己融入新时代中国特色社会主义的建设当中，把自己的命运和祖国的命运、民族的命运紧密相连，才能使自己的人生价值得以实现。

一、人生价值贵在奉献

1. 人生价值不在于自己获得多少

　　胡汉生是江苏省的一位退休职工。从1999年起，他开始摆修车摊，无论刮风下雨还是烈日炎炎，他守着摊子只做一件事——修车，修车挣来的钱只有一个用途——捐出去。2005年，老人捐献给南通市慈善会1万元，当时修车补一个轮胎只有1元，这1万元钱，他不知补了多少轮胎才积攒下来。就这样，他不断修车，有钱就捐。直至2013年4月离世，前后14个年头，老

胡汉生在修车

人共捐出10.3万元。2012年，老人荣获"感动江苏"人物称号。胡汉生老人曾这样说："老牛不耕田、不拉磨，也是一样的老，我这样的老，也就是我的人生的价值。"

⭐ 结合胡汉生老人的事迹，谈谈人生价值不在于自己获得多少。

在生活中，不同的东西具有不同的价值。价值是指事物能够满足人的某种需要的有用性的关系。物的价值在于能满足人的某种需要，人的价值呢？是不是谁索取越多、得到的越多，谁的人生价值就越大？

相关链接

价值本质上是一种"关系"范畴，就是事物以它自身的属性和功能对人的一种满足"关系"。如衣服、粮食、房子、车辆等物质产品能满足人们衣、食、住、行等方面的需要，音乐、电影、图书等精神产品能满足人们精神生活的需要，它们各自具有各自的属性。事物能够满足人的需要，它就有价值；满足的程度大，它的价值就大；满足的程度小，它的价值就小；不能满足，甚至对人有害，它就没有价值。

在选择职业时，我们应该遵循的主要指针是人类的幸福和我们自身的完美。不应认为，这两种利益会彼此敌对、互相冲突的，一种利益必定消灭另一种利益。

——马克思

人的价值不在于活了多久，获得多少，而在于为社会做了多少贡献。人们生存的社会物质生活条件、社会地位以及体力、智力、思想道德素质等主客观条件不同，所创造的价值的表现形态、数量的多寡和质量的高低都不尽相同。谁对社会的贡献多，谁实现的人生价值就大。

2. 人的价值是社会价值和自我价值的统一

人不但要活着，而且要活得有价值。人活有活的价值，死有死的价值。毛泽东在《为人民服务》中引用了《史记》作者司马迁的一段著名的话，"人固有一死，或重于泰山，或轻于鸿毛"，并说为人民利益而死的张思德，他的死是比泰山还要重的。这里讲的"比泰山还要重"就是对张思德人生价值的高度肯定。

每个人都会有自己的人生价值观，比如很多模范人物有"吃苦在前、享乐在后""先公后私""公而忘私""一不怕苦二不怕死"的人生价值观；而有的人则有享乐主义、个人至上、一心追求个人财富和暴富的人生价值观；有的人还有禁欲主义、苦行主义，甚至悲观厌世的人生价值观等。无论什么样的人生价值观，所体现的都是人们的一种人生的态度、人生的追求。

⭐ 结合上面材料，谈谈你对人的价值是社会价值和自我价值的统一的理解。

一般来说，人的价值包括两个方面：一是个人对社会的责任和贡献，二是社会对个人的尊重和对其需要的满足。前者体现了个人行为对社会和他人的意义，即人的社会价值；后者体现了社会对个体存在和个体对自身存在的意义，即人的自我价值。

社会价值表现为个人为满足社会或他人物质的、精神的需要，通过自己的实践活动所作出的贡献和承担的责任。人的社会价值的大小，取决于个人对社会所作贡献的多少。

自我价值表现为对自身物质和精神需要的满足程度，是社会对个人、个人对自己作为人的存在的一种肯定关系。由于人的需要是多方面的，自我价值的表现也是多方面的，如个人对基本生存条件的获得，对自我社会身份的确认和尊重，以及在知识、道德、人格等方面的自我完善等。自我价值的实现，是人所共有的追求，也是个体进步的表现。在不同的社会形态中，自我价值的实现结果完全不同。

相关链接

一般来讲，人的自我价值体现在以下三个方面。

首先，是个体对自己生命存在的肯定。因为人的生命是没有任何东西可以代替的，所以生命的存在是一切价值产生的基础和前提。

其次，人的自我肯定的更高层次是自尊、自爱、自强等需要的满足。人人都需要社会和他人的尊重，从而使自己活得有价值、有尊严。

最后，人的自我价值的最高表现是自我完善和自我实现。这是人超越现实的力量的充分体现。只有在不断的创造活动中，在不断超越自我的过程中，人才能真正感觉到自己存在的意义，感觉到自己的尊严和价值，即对社会需求的满足和对社会进步的促进。这种价值主要体现在个人通过劳动、创造对他人和社会所做的贡献中。

无数人生成功的事实表明，青年时代，选择吃苦也就选择了收获，选择奉献也就选择了高尚。

——习近平

人的社会价值和自我价值是辩证统一的。

首先，社会价值是人的根本价值，是自我价值实现的基础。人生的真正价值在于奉献。人的社会价值与自我价值相比较，人的社会价值是主要的、根本的。没有社会价值，人生的自我价值就无法存在。人总是生活在社会当中，个体无法脱离社会而存在和发展。个体的人生活动不仅要满足自我的需要，还必须满足社会的需要。一个人的需要能不能从社会中得到满足，在多大程度上得到满足，取决于他对社会和他人的贡献，即人的社会价值。

有人曾经问某位诺贝尔奖获得者："你有没有想到能获得诺贝尔奖？"他不假思索地说："从未想到过。"获奖当天，他正在做学术报告，新闻里播出了他获奖的消息。做完报告后，人们纷纷上前向他表示祝贺，这时的他还以为是报告做得好的缘故呢！可见，一个有成就的科学家，他最初的动力并不是想要拿什么奖，或者得什么名和利。他们之所以锲而不舍地去追求和奋斗，是出于推进人类认识自然的责任，出于对未知领域进行探索的强烈兴趣和热爱。

其次，自我价值是实现人生价值的基本条件。社会根据个人对社会的贡献程度，对个人需要给予相应的满足，从而实现人的自我价值。

3. 社会贡献是衡量人生价值大小的尺度

"神舟十四号"航天员出征

无偿献血

有人说，衡量人生价值，物质贡献比精神贡献更重要。

有人说，一个人的贡献越多，索取越多，人生价值的两个方面是对等关系。

⭐ 你是否赞成上述观点？为什么？

　　人的价值是在活动尤其是劳动中得以实现和评价的。评价人生价值的大小是有客观标准的。一个人的人生价值不是看他从社会、他人那里得到了什么，而是看他为社会、为他人尽到了什么责任，作出了什么贡献。因为个人对社会的责任和贡献是社会存在和发展的要求，是衡量一个人有没有价值或价值大小的基本标志，个人是通过对社会的奉献来体现自己的人生意义的。

> ### 相关链接
>
> 　　对人生价值的评价，除了要掌握科学的标准外，还需要掌握恰当的评价方法，做到以下"四个坚持"。
>
> 　　第一，坚持"能力有大小"与"贡献须尽力"相统一。每个人的职业不同，能力大小不同，对社会贡献的绝对量不同，不能简单地认为能力大的人就实现了人生价值，能力小的人就没有实现人生价值。
>
> 　　第二，坚持物质贡献与精神贡献相统一。评价人的价值，不仅要看其对社会作出的物质贡献，也要看其对社会作出的精神贡献。
>
> 　　第三，坚持完善自身与贡献社会相统一。人的社会价值是实现人自我价值的基础，评价人生价值的大小应看一个人的人生活动对社会

　　个人对社会的贡献是多方面的，但归根到底是物质贡献和精神贡献两个方面。衡量一个人的价值，既要看他在物质方面的贡献，又要看他在精神方面的贡献，如在思想道德、文化教育、科学精神等方面对社会的贡献。人们对社会的物质贡献和精神贡献，有的表现为重大的发明创造，有的表现为惊人的英雄壮举，而大量的则表现为平凡工作中的默默奉献。

　　要正确看待奉献和索取的关系。奉献是个人对社会的责任和贡献，索取是个人从社会的索要和获取。人是价值的创造者，也是价值的享用者。人的价值是社会价值和自我价值的统一，是创造、奉献与索取、享用的统一。奉献推动了社会发展，为个人正当的索取打下了基础；正当的索取又会激发个人更大的积极性和创造性，为社会作出更大的贡献，二者不可分割地联系在一起。作为青年人，中职生要积极投身到各种社会实践中去，在平凡的岗位上努力工作，贡献自己的才能和力量，从而实现自己的人生价值。

二、在劳动奉献中实现人生价值

1. 人生没有不劳而获

　　有这样一则寓言：从前，有一位国王，他担心自己死后，人们是不是也能过着幸福的日子。于是他召集了国内的有识之士，命令他们找到一个能确保人们生活永世幸福的法则。三个月后，学者们把三本厚厚的帛书呈给国王说："国王陛下，天下的知识都汇集在这三本书内，只要我们的国民读完它，就能确保他们的生活无忧了。"国王不以为然，因为他认为人们不可能花那么多时间来看书。所以他命令学者们继续钻研。两个月后，学者们把三本书简化成了一本书，国王还是不满意。再一个月后，学者们把一张纸呈给国王。国王看后非常满意地说："很好，只要我的国民都真正奉行这宝贵的智慧，我相信他们一定能过上富裕幸福的生活。"说完后便重重地奖赏了这些学者。原来，这张纸上只写了一句话：天下没有不劳而获的东西。

⭐ 结合上述寓言故事，谈谈你对"人生没有不劳而获"的看法。

《国际歌》中写道："是谁创造了人类世界？是我们劳动群众。一切归劳动者所有，哪能容得寄生虫。"但现实生活中，有些人想不劳而获，有人想出各种招数骗取钱财，有人傍富、啃老，甚至还出现了"乞丐富翁"。

俗话说，一分耕耘，一分收获。凡事必须付出才有收获，人生没有不劳而获。实现人的价值，要靠艰苦努力，任何贪图享乐、害怕吃苦、不愿付出劳动的人，都不可能真正实现自己的价值。

2. 劳动是社会财富的源泉

中考后，小田心不甘情不愿地进了职业学校，想着混个中职文凭就去打工。3年的中职学习改变了他的想法。毕业时凭着扎实的专业技能，他顺利进入某集团工作。"靠自己所学知识找到了一份好工作，让我有了信心。"

在工作中，小田有了新的盘算，"我要用自己所学的农学专业知识，组织乡亲们从土里刨出金子来。"有胆识、有技术的小田白手起家，采取"合作社＋农户＋基地"的模式，组建了无公害蔬菜专业合作社。经过几年打拼，大力发展高山反季节蔬菜2 000多亩，年产值超过500万元，带动当地两个乡镇的800多户农民，走上了抱团致富奔小康的阳光大道。

⭐ 结合小田带领群众致富的事例，谈谈你对"劳动是社会财富的源泉"的理解。

劳动是人类的本质活动，把人与其他动物从根本上区别开来。人通过劳动改变自然，创造属于自己的物质生活条件。劳动是体现人的本质力量、提升

人世间的一切幸福都需要靠辛勤的劳动来创造。

——习近平

人的能力的活动。劳动是人类有目的的、创造性的活动，正是这种活动，才把人从自然界中分离出来又把二者统一起来。劳动体现了人的一般本质，同时不断提升着人的各方面能力。

相关链接

　　劳动创造了人和人类社会。首先，人类的劳动是从古猿的动物式的本能活动过渡而来的。古猿在直立行走的基础上，运用天然工具，以前肢的本能式劳动，使猿手变成了人手。制造生产工具是人类劳动的标志，也是人类告别古猿的标志。其次，劳动促进了语言和意识的产生。在劳动和语言的推动下，猿脑变成了人脑，开始有了抽象思维能力，有了越来越清楚的意识，人的意识也就产生了。最后，劳动产生了人的社会关系，使猿群变成了人类社会，开始了人类的社会生活。

　　劳动是人类最基本和最重要的社会实践，是人类社会生存和发展的根本前提。人类社会是人类实践活动的产物，劳动创造了人与人类社会。人类不是从来就有的，劳动在从猿到人的进化过程中起着决定性作用，劳动是人类与其他动物的根本区别。劳动使人类从自然界中分化出来，开始了人类社会自身运动和发展的历史。离开劳动，社会的存在、发展和进步将成为无源之水、无本之木。

袁隆平在稻田中

　　20世纪60年代初，享誉世界的"杂交水稻之父"袁隆平，在带领学生下农村生产实习时，目睹了农村粮食短缺、群众生活困难的状况，决心从农作物品种改良入手，探索科技兴农之路，与饥饿和灾荒作斗争。多年来，他克服了种种困难，勤恳劳动、锐意进取，所取得的科研成果使我国杂交水稻研究及应用领域领先世界水平，不仅解决了中国粮食自给的难题，也为世界粮食安全作出了杰出贡献。

劳动是社会财富的源泉。社会的物质财富和精神财富来源于全体社会成员辛勤劳动的积累。人类的劳动是人类通过各种手段和方式创造社会财富以满足人类日益增长的物质、精神等方面需要的有目的的活动。有益的劳动，不仅具有创造物质财富的功用，而且还能够创造精神价值、锻造人心纯正和行为正义。劳动是人生的根基，是美的源泉。在社会主义社会，劳动是创造人类美好生活、促进人的全面自由发展的重要手段。

> 劳动是财富的源泉，也是幸福的源泉。
>
> ——习近平

人生价值的实现是个人在劳动实践活动中施展自己能力的过程。人只有在劳动中，在奉献社会的劳动实践活动中，才能自由地彰显和发挥自己的智力和体力、意志和情感，才能创造和实现自己的价值。一个人在劳动中创造的财富越多，意味着他为满足社会和人民需要所作出的贡献就越大，他自身的价值就越大，他的幸福感也就越强。中职生要积极投身于为人民服务的实践之中，这是实现人生价值的必由之路，也是拥有幸福人生的根本途径。

3. 诚实劳动，创造人生价值

2013年五一国际劳动节来临之际，习近平在同全国劳动模范代表座谈时指出，人民创造历史，劳动开创未来。劳动是推动人类社会进步的根本力量。幸福不会从天而降，梦想不会自动成真。人世间的美好梦想，只有通过诚实劳动才能实现；发展中的各种难题，只有通过诚实劳动才能破解；生命里的一切辉煌，只有通过诚实劳动才能铸就。劳动创造了中华民族，造就了中华民族的辉煌历史，也必将创造出中华民族的光明未来。"一勤天下无难事。"必须牢固树立劳动最光荣、劳动最崇高、劳动最伟大、劳动最美丽的观念，让全体人民进一步焕发劳动热情、释放创造潜能，通过劳动创造更加美好的生活。

⭐ 谈谈你对上述习近平讲话内容的理解，说说自己准备如何在劳动中实现人生价值。

劳动最光荣、劳动最崇高、劳动最伟大、劳动最美丽。劳动指引着幸福之路，劳动开启了财富之源。没有劳动，就没有今天人类的进步；没有劳动，就没有人类社会的发展。要尊重和保护一切有益于人民和社会的劳动。辛勤劳动没有贵贱之分，不论是体力劳动还是脑力劳动，不论是简单劳动还是复杂劳动，一切为我国社会主义现代化建设作出贡献的劳动，都是光荣的，都应该得到承认和尊重。

诚实劳动应受到尊重。人的能力有大小，贡献和分工也不同，但是，一个人只要尽其所能，诚实劳动，就能成为一个有价值的人，一个受到社会尊重的人。诚实劳动，就是要自觉守法，不搞歪门邪道；热爱本职岗位，不见异思迁；踏实肯干，不虚荣浮躁；锐意创新，不故步自封。我们要热爱劳动，以诚实劳动为荣，以好逸恶劳为耻。

裴先峰在工作中

平凡岗位，也能创造不平凡的业绩。在2013年全国五一劳动奖章获得者中，中国石油天然气第一建设公司工人、23岁的裴先峰是最年轻的一个。这个毕业于技工学校焊工专业的"90后"小伙子，凭借自己多年的勤奋劳动和不懈努力，于2011年11月在英国伦敦举行的第41届世界技能大赛中，以其精湛技艺一举夺得焊接项目银牌，成为60多年来在该赛事上获得奖牌的第一位中国公民。裴先峰说："我的个人目标是做工人就当最优秀的工人。今后我还要不断磨炼自己，让自己不断提高，练就自己过硬的本领，为我们的企业、为我们的国家作贡献。"

劳动和奉献是实现人生价值的必由之路，也是拥有幸福人生的必经途径。人生价值的实现，是在社会实践中积极能动的劳动创造过程。

所以，只有诚实劳动才能不断创造物质财富和精神财富，才能更多地奉献社会，才能更好地体现自己的人生价值。党的十九大强调，要"建设知识型、技能型、创新型劳动者大军，弘扬劳模精神和工匠精神，营造劳动光荣的社会风尚和精益求精的敬业风气"。建设和培养新型劳动者大军，对于加快发展我国的先进制造业，加快建设制造强国，推动实现第二个百年奋斗目标、实现中华民族伟大复兴的中国梦是极其重要的。因此，不论我们以后在哪个工作岗位上，都要秉承劳动奉献的精神，脚踏实地、不断创新，用自己的双手创造自己的人生价值，为实现中华民族伟大复兴的中国梦作出贡献。

感悟 与 体验

1. 在现实生活中，有的人过分看重个人的名利、地位，把自我价值的实现完全建立在金钱、名利、地位等个人需要的满足之上，而不考虑自己对社会、对他人的责任和贡献。甚至为了获得个人需要的满足，不惜牺牲社会和他人的利益。这样的人即使获得了他所需要的一切，也不会得到他人和社会的认可，他的人生必然是空虚的、不幸福的。

⭐ 请联系社会上的相关现象和生活实际，开展关于人生价值的讨论。

2. 作为汉字激光照排系统的发明者，王选推动了中国印刷术的第二次革命，被称为"当代毕昇"。王选多次说，一个人，一个好人，他活着，如果能够为社会的利益而奋斗，那么，他的一生才是有趣味的一生。王选非常赞同爱因斯坦所说的"人只有为别人活着，那才是有价值的"。他认为但凡有成就的人，大多具备这种品质。他们为了社会的利益，为了活得有价值，始终不渝，狂热地追求。

⭐ 从王选的事迹给我们的启发中，思考自己如何实现自我价值和社会价值的统一。结合自己的实际，谈谈未来在职业岗位上如何实现自己的人生价值。

3. 走访身边在平凡岗位上作出不平凡业绩的普通劳动者，谈一谈你对劳动奉献的看法。

第十五课 人的全面发展与个性自由

历史唯物主义认为，社会发展实质上是人的发展，人的发展是衡量社会发展的重要尺度，是社会发展的最终体现。社会发展应当以人为中心，即以人为本。坚持以人为本，就是要以实现人的全面发展为目标，让发展的成果惠及全体人民。人的全面发展包括很多方面，既表现为人的能力的全面发展、素质的全面提高，也表现为人的自主性、创造性的增强以及人的自由个性的实现。青年学生要树立正确的全面发展的观念，做一个德能兼备、身心全面发展的人。

党的十九大报告指出，"必须坚持以人民为中心的发展思想，不断促进人的全面发展、全体人民共同富裕"，同时强调："我们要在继续推动发展的基础上，着力解决好发展不平衡不充分问题，大力提升发展质量和效益，更好满足人民在经济、政治、文化、社会、生态等方面日益增长的需要，更好推动人的全面发展、社会全面进步。"明确把"更好推动人的全面发展"列入中国特色社会主义进入新时代的新要求，这体现了中国共产党为中国人民谋幸福、为中华民族谋复兴，强调发展成果由人民共享，把实现人的全面发展和社会全面进步作为党的历史使命。

一、努力实现人的全面发展

1. 走出片面发展的误区

构建德智体美劳全面培养的教育体系是我国教育一直以来的努力方向。

——加强德育，要在加强品德修养上下功夫，教育引导学生培育和践行社会主义核心价值观，踏踏实实修好品德，成为有大爱大德大情怀的人。

——加强智育，要在增长知识见识上下功夫，教育引导学生珍惜学习时光，心无旁骛求知问学，增长见识，丰富学识，沿着求真理、悟道理、明事理的方向前进。

——加强体育，要树立健康第一的教育理念，开齐开足体育课，帮助学生在体育锻炼中享受乐趣、增强体质、健全人格、锤炼意志。

——加强美育，要全面加强和改进学校美育，坚持以美育人、以文化人，提高学生审美和人文素养。

——加强劳育，要在学生中弘扬劳动精神，教育引导学生崇尚劳动、尊重劳动，懂得劳动最光荣、劳动最崇高、劳动最伟大、劳动最美丽的道理，长大后能够辛勤劳动、诚实劳动、创造性劳动。

⭐ 结合自身成长体会，说明人生发展要做到德智体美劳全面发展、不能片面发展。

社会和人生发展的经验表明，任何时候都不能走片面发展的道路。片面发展往往只看到了眼前利益，而忽视了发展的长远利益；片面强调了人的某方面素质的发展，而忽视或偏废了其他方面素质的发展。只追求发展的眼前利益和人的某方面的发展，就会走入片面发展的误区。人的片面发展实际上并非人的真正的发展。

相关链接

社会可持续发展的核心是人的全面发展。它一方面以人为本位，强调提高人的生存与生活质量，既包括满足人的各种物质生活需要，也包括满足精神生活享受的需要；另一方面，由于它是一种社会系统的全方位的发展，必然要求人的发展也应是全方位的，也就是要通过人的道德水平的提升以及智力、体力、能力等各种潜能的充分发展去推动社会持续发展，即通过促进人的全面发展，从根本上去达到目的。

实现人生的发展，需要人的各方面素质全面成长。片面发展使人的各种潜能的发挥和能力的发展受到了制约，从而制约了人对自然、社会和自身的全面的认识，会导致人在认识和实践、情感和态度等方面的畸形发展，从而不能很好地适应现实社会发展和现实生活中的各方面要求。因此，人只有走出片面发展的误区，实现全面发展，才能适应现代社会发展的要求，才能实现个人的自由发展。要实现人的全面发展，既离不开个人的主观努力，也离不开社会的进步和发展。这就要求我们为实现全面发展创造必要的条件。

2. 人的全面发展及实现条件

他精通狙击步枪、匕首枪、微型冲锋枪等8种轻武器。他还拥有跳伞、飞行、潜水等专业技能，具备特种爆破、深海潜水、悬崖攀登、伞机降等30多种作战本领。考核800多次，成绩次次优秀。他就是何祥美，是一名"许三多"式的普通士兵。当兵九年，他练就了空中能飞、地上能打、水下能潜的综合作战技能，成为名副其实的"三栖"士兵。

从农家子弟到技能全面的军事尖子，从普通士兵到被中央军委授予"爱军精武模范士官"……原南京军区某旅八连连长何祥美，用青春、热血和忠诚，把自己的军旅生涯书写得既精彩又壮美。

⭐ 作为一名普通士兵，为什么说何祥美把自己的军旅生涯书写得既精彩又壮美？

人的全面发展是指人的各方面发展条件在相互促进中实现和谐的整体的发展，它强调的是人的全面而健康的发展。人的全面发展不仅指人的素质的全面提升和社会本质的全面丰富，还指"每个人"即"社会的每一个成员"的发展，包括人的活动尤其是劳动自由展开、人的社会关系全面丰富、人的生活丰富多彩、人的素质全面提高。

相关链接

个体的身心和谐及协调发展是人的全面发展的基本内容，也是人的全面发展的先决条件。它包括生理健康和心理健康。健康的生理素质，是指人具有良好的身体状况，有条件去从事各种活动，即人的身体各系统的生理结构和生理机能的健康发展；健康的心理素质，是指人有充实饱满的精神、昂扬向上的活力。身体素质是人的全面发展的自然前提，它为人的全面发展提供可能性。心理素质是在遗传条件和后天环境的影响下形成的比较稳定的个体特征。生理素质是心理素质的物质基础，心理素质也影响着生理素质。随着社会经济文化的发展，物质产品不断丰富，不但使人们衣食无忧，满足了物质需要，而且医疗卫生条件也逐渐提高，为人们的身体健康提供了保证。良好的心理素质已成为人完善自身的主要内容。

实现人的全面发展离不开主客观条件。人的全面发展需要有高度发达的社会生产力和它所创造的社会物质条件作为基础。生产力是社会发展的最终决定力量，也是人全面发展的最终决定力量。人的全面发展，首先要得到衣食住行的满足。因此，离开生产力的发展讲人的全面发展，是不切实际的。但是，生产力的高度发展并不直接等于人的全面发展。如果仅以经济增量为目标，为生产而生产，就会牺牲人的全面发展，造成各种危害，使发展不可持续。

党的十九大报告把"坚持人与自然和谐共生"作为新时代坚持和发展中国特色社会主义基本方略的重要内容，指出："建设生态文明是中华民族永续发展的千年大计。必须树立和践行绿水青山就是金山银山的理念，坚持节约资源和保护环境的基本国策，像对待生命一样对待生态环境，统筹山水林田湖草系统治理，实行最严格的生态环境保护制度，形成绿色发展方式和生活方式，坚定走生产发展、生活富裕、生态良好的文明发展道路，建设美丽中国，为人民创造良好生产生活环境，为全球生态安全作出贡献。"这说明我们党坚定不移贯彻新发展理念，坚决端正发展观念、转变发展方式，使得发展质量和效益不断提升，从根本上改变了GDP唯上、经济发展速度唯上的错误的发展观念和政绩观。以创新、协调、绿色、开放、共享为主要特征的新发展理念日益深入人心，这将极大地推动我国社会的全面发展。

人的全面发展的实现，需要有和谐的社会环境。人是在一定的社会关系中生存的，只有在相互学习、相互交流中才能不断完善自己、发展自己。人的才能的发挥离不开他人，离不开社会和集体。

人的全面发展与构建社会主义和谐社会相辅相成，互相促进。人的全面发展为构建社会主义和谐社会带来了动力和活力，而社会主义和谐社会的构建又为人的全面发展开辟了更为广阔的前景。随着社会主义和谐社会建设的不断加强，必将给人们创造出更多的自由时间和活动空间，为人们按照自己的天赋、特长、爱好在科学、文化、艺术等领域自由进行活动和创造，全面发展自己的能力和爱好，实现个性充分发展创造出更为优越的条件。而人的全面发展又必将促进社会向更加和谐的方向发展。

不同时期人的全面发展的水平各有不同。人的发展与社会发展互为前提，人越发展，社会的物质文化财富就会创造得越多，人民的生活就越能得到改善，社会进步就会越来越大；而人的发展又依赖于社会的发展。正是在这种社会发展与人的发展相互结合、相互促进的过程中，人的全面发展的水平也随之得到提高。中国特色社会主义进入新时代，经济、政治、文化、社会、生态文明的全面发展，给人的全面发展提供了越来越多的基础和条件。社会的发展要求人的全面发展，要求人的素质的全面提高，即全面发展就要全面发展自己的体力和智力、潜在能力和现实能力，使自己的先天能力和后天能力都得到发展，使自己成为德能兼备的全面发展的人。

3. 做德能兼备全面发展的职业人

由中华全国总工会、中央广播电视总台联合举办的2018年"大国工匠年度人物"发布活动，经过自下而上推荐、初选、评委会评选等环节，2019年1月18日产生了10位2018年"大国工匠年度人物"，他们是：高凤林、李万君、夏立、王进、朱恒银、乔素凯、陈行行、王树军、谭文波、李云鹤。

活动坚持从严从优的标准，要求推荐人物必须符合以下条件：一是热爱祖国，拥护中国共产党领导，积极践行社会主义核心价值观，遵纪守法，道德高尚；二是具备世界一流、国家和行业顶尖技能水平，或对中华传统文化的传承和延续发挥关键作用，长期在生产一线工作的职工；三是在当前国家重大战略、重大项目、重大工程中作出突出贡献；四是具备一定的荣誉基础，获得过省部级以上劳动模范、全国五一劳动奖章和"工匠人才"荣誉称号。

⭐ 搜集10位2018年"大国工匠年度人物"的事迹，结合他们的事迹及活动推荐人物的条件，谈谈如何做一个德能兼备全面发展的职业人。

中职生正处于人生发展的关键时期，在选择自己人生道路、确立人生理想的过程中，要走出片面发展的误区，树立全面发展的意识，为全面发展打下坚实的基础，为成为德能兼备的全面发展的现代职业人做好准备。

首先，要加强思想道德修养，提高思想政治素质和道德素质。全面发展是指在德智体美劳等方面的全面发展。新时代中国青年要听党话、跟党走，坚定正确的政治方向，要树立对马克思主义的信仰、对中国特色社会主义的信念、对中华民族伟大复兴中国梦的信心，担当时代责任。所谓的一技之长，是建立在全面发展基础上的。否则，仅仅有一技之长，缺乏全面发展的基础，甚至放弃思想道德修养，不仅不会实现人的真正发展，相反，还会使人走上人生的歧途。

某地建设银行系统屡次被黑客攻破，2个月内，14名客户信用卡内1.9万余元被窃取。公安机关通过侦查，找到了犯罪嫌疑人彭某。这名某科技大学电子商务专业的高才生在接受审判时说，大学时代他曾通过美国银行下载信用卡号，并如法炮制用于建设银行信用卡。他发现，某电子商城对建行卡的保护"形同虚设"，本着"测试信用卡额度"的目的，他侵入服务器窃取建行IP地址，获得30张左右的建行信用卡资料。彭某多次登录公司网站，盗用资金后购买游戏卡，并和朋友一起进行网上销售。

其次，要加强专业技能学习，提高动手能力。中职生除了提高思想道德素质，学习文化理论知识，拥有健全人格之外，还要掌握高超的专业技能和提高专业素质。提高专业技能水平，既是提升自身的综合素质，实现人生理想和人生价值的需要，也是报效祖国，提升国家综合实力的需要。

做担当民族复兴大任的时代新人，不但要自觉学习科学知识，提高自己的科学素养，而且要自觉从中华民族五千多年的历史文化中吸取营养，提高自己的文化素养。党的十九大报告指出："文化是一个国家、一个民族的灵魂。文化兴国运兴，文化强民族强。没有高度的文化自信，没有文化的繁荣兴盛，就没有中华民族伟大复兴。""中国特色社会主义文化，源自于中华民族五千多年文明历史所孕育的中华优秀传统文化，熔铸于党领导人民在革命、建设、改革中创造的革命文化和社会主义先进文化，植根于中国特色社会主义伟大实践。"我们要响应党中央的号召，努力提高自己的文化素养，让中华文化优秀的思想观念、人文精神、道德规范在新时代发扬光大，担负起新的文化使命，为实现中华民族伟大复兴的中国梦贡献力量。

最后，要提高科学文化素质和身心健康素质。科学文化素质和身心健康素质是实现全面发展的基础。科学文化素质较高的人，有较强的发展后劲和可持续发展的能力。而科学文化素质低的人，眼界会比较狭隘，自我发展的能力会受到限制，在人生发展中难免出现这样那样的失误。良好的身心健康素质可以为实现人的全面发展创造有利条件。

二、在社会发展中实现人的个性自由

1. 个性自由不是无拘无束

材料一：在校园里，我们有时候会看到，有的同学将头发染成五颜六色，有的同学在校服上乱写乱画，有的同学穿着奇装异服——他们认为只有这样才能张扬个性，显示与众不同。

材料二：匈牙利诗人裴多菲在诗中写道："生命诚可贵，爱情价更高，若为自由故，两者皆可抛。"

⭐ 材料一中同学追求的个性自由和材料二中诗人追求的自由一样吗？个性自由是否就是为所欲为？

在现实生活中，每个人都会遇到个性自由与社会约束的矛盾。我们常常向往无拘无束的自由，但是，在现实中，完全摆脱约束、不受任何限制、为所欲为的自由是不存在的。人的个性自由总是在一定基础上和一定条件下的自由。

相关链接

每个人的全面而自由的发展是社会发展的最终目的。自由的充分实现和人类的彻底解放，是人类从必然王国飞跃到自由王国的标志，也是自由和解放的最高境界。但是，个人的自由发展又必须依赖于集体的行动和社会的发展与解放。只有通过集体行动，只有社会的发展与解放，个人的自由发展才是可能的。同样，个人的自由发展依赖于社会关系和社会制度的变革，而这种变革只有通过集体、社会的行动才能实现。

自由不是随心所欲，一个人在社会生活中，要获得个性自由的发展，就必须接受社会的约束，必须承担社会的责任。

2. 个性自由与社会约束

小树的自由

一棵刚栽下的小树，被束缚在木桩上，它感到很不自在，气愤地指责木桩说："老东西，你为什么要束缚我，剥夺我的自由？"

木桩亲切地说："小兄弟，你刚开始自立，弄不好是会栽倒的，我是为了帮助你扎稳根，增强抵御风的能力，扶持你苗壮正直地成长，让你成为有用之才呀！"

"鬼话！"小树心里骂道，"我才不信你这骗人的鬼话呢，没有你我同样能扎稳根，不用你扶我同样苗壮正直地成长，你就等着瞧吧！"

于是，小树凭借风力，故意找别扭，天天和木

桩磨来磨去。有一天，它终于把绳索挣断了，感到非常得意，整天随着风，东摇西摆地起舞，把根部的泥土晃松动了。一天夜间，一阵疾风骤雨，它被连根拔了起来。第二天一早，岿然不动的木桩望着倒在地上的小树叹道："你现在感到彻底自由了吧！"

"不！"小树难过地说："我现在感到需要约束，可惜已经有点迟了！"

⭐ 你怎么看待小树的自由和约束？结合上述材料，说说个性自由与社会约束的关系。

人的个性自由，不是主观的任意妄为或仅仅存在于想象中的自由，而是指个人的能力和潜能，按照个人的意愿得到自由而充分的发挥和发展。哲学上把人认识了事物发展的规律性，并将其自觉地运用到实践中去，叫作自由。自由是对必然的认识和对客观世界的改造。

自由与必然是相互依存、相互转化的。自由并不排斥必然，相反，自由立足于必然，以承认必然为前提，以认识和把握必然为内容和目的；必然也不敌视自由，对必然进行认识和把握就可以获得自由。人的解放，就是人不断地在实践的过程中由必然王国迈向自由王国，从而达到全面而自由的发展。

人的个性自由是具体的。人的自由总是在一定基础上和一定条件下的自由，它的形成与个人所处的社会环境的改变相一致，其发展的程度也与社会的发展程度相一致。

人的个性自由是相对的。要正确理解和对待个性自由与社会约束的关系。自由是相对约束而言的，完全摆脱约束、不要任何限制的绝对自由是不可能存在的。自由总是相对的、有条件的，它并不意味着为所欲为、随心所欲。人的自由是在遵守纪律、道德和法律的前提下的自由。一方面，任何个人的个性自由应得到社会和他人的尊重，每个人应该创造必要的条件尽可能把自己的特长和优势在社会生活中发挥出来，从而为社会发展作出更大的贡献，最大程度地创造出自己的人生价值；另一方面，任何人的自由都不能妨害影响别人的自由，任何个人的自由都必须以保证集体、社会的稳定和发展作为前提。

马克思关于人的全面自由发展的观点，是为了说明个人在共产主义社会中的状况和地位，说明个人的根本利益与社会利益在共产主义社会能够达到最大的一致和最大的和谐。在今天的现实社会生活中，也必须看到个性自由在人的发展中的重要作用，要大力发扬社会主义民主，宪法规定公民具有言论、出版、结社、游行等自由，鼓励人们的自由发展。但同时人们必须在国家法律、法规、纪律、制度和道德的规范下活动，不允许有侵犯他人自由的自由。一个没有制度约束的社会是无政府的社会，一个没有社会约束的个人是无政府主义者。自由与约束是对立统一的。

在现实生活中，个人要处理好个性自由与社会约束的关系。其中，法律的规范与约束，实际上是在促进人的社会化进程。法律约束的严明将磨砺一个人的思想，法律约束的存在则更能彰显一个人的个性。人们的行为应以不扰乱法律规定的公共秩序为底线。

3. 在职业活动中实现全面而自由的发展

在海尔的奖励制度中有一项叫"命名工具"，这些被命名的新工具的发明者都是一线普通工人。如工人李启明发明的焊枪被命名为"启明焊枪"，杨晓玲发明的扳手被命名为"晓玲扳手"。张瑞敏看到了普通工人创新改革的深远意义，并想出了这个激励员工创新的好措施，即用工人的名字来命名其所改革创新的工具。这一措施大大激发了普通员工在本岗位创新的激情，不断有新的命名工具出现，员工们都引以为豪！而最初海尔开始宣传"人人是人才"时，员工反应很平淡。他们想：我又没受过高等教育，当个小工人算什么人才？但是当海尔第一次把一个普通工人发明的一项技术革新成果，以这位工人的名字命名，并且刊登在《海尔人》报上大力宣传后，工人中很快就兴起了技术革新之风。

⭐ 结合"命名工具"给工人、给企业带来的良好推动作用，谈谈人的自由发展的重要性。

人的个性自由是一个人不断追求的过程，是个性不断发展的过程。人的个性发展表现为个人主体性水平的全面提高，以及个人独特性的增加和丰富。人的个性发展对于一个充满活力的社会是不可缺少的，正是各具特色、各有所长的个人构成了丰富多彩的社会，而生机勃勃的社会只能由生机勃勃的个人所构成。作为职业人来讲，每个人应根据一定的条件来确立自己的发展目标，在职业活动中不断丰富、发展和完善自我。

中国坚持把人权的普遍性原则和当代实际相结合，走符合国情的人权发展道路，奉行以人民为中心的人权理念，把生存权、发展权作为首要的基本人权，协调增进全体人民的经济、政治、社会、文化、环境权利，努力维护社会公平正义，促进人的全面发展。

——习近平

人的个性自由发展就要认识和把握社会发展规律，在奋斗中实现个人的自我价值。现代职业教育能使人按照自身的内在要求、自我价值实现的需求与客观条件相结合来实现职业生涯的发展，并通过职业活动来挖掘人的内在潜能，使人认识和改造客观世界的能力获得比较充分的发展，从而实现个人的自我价值。中职生要加强学习和实践，认识和把握社会发展规律，不断提升认识和利用规律的能力，提升自身的人生发展能力，实现自由而全面的发展。

正确对待人生问题，创造自己的美好未来。古希腊德尔斐神庙前镌刻着一句铭文"认识你自己"。几千年来，人类一直在探索人生奥秘的旅途上不停地跋涉，不断地思考着人在宇宙中的位置、个人与社会、人的需要、人的本质、人生理想、人生信仰、人生价值、人生责任、人生态度、人生命运、人生归宿、人生境界和个性完善等问题。人生有许多问题，必须面对；人生有许多矛盾，必须解决；人生有着美好的未来，必须创造。创造并享受美好的人生，是人们的最终追求。让我们努力创造拥有美好的人生吧！

感悟 与 体验

1. 习近平指出："一代人有一代人的长征，一代人有一代人的担当。""每一代青年都有自己的际遇和机缘，都要在自己所处的时代条件下谋划人生、创造历史。"

今天，新时代中国青年处在中华民族发展的最好时期，既面临着难得的建功立业的人生际遇，新时代中国青年的使命，就是坚持中国共产党领导，同人民一道，为全面建成社会主义现代化强国、实现中华民族伟大复兴的中国梦而奋斗。新时代中国青年应该积极拥抱新时代、奋进新时代，努力实现全面发展，勇敢承担时代赋予的使命。

⭐ 运用历史唯物主义人的全面发展的基本观点，说明新时代中国青年要承担时代使命必须实现全面发展。

2. 我国有一位经济学家在以"面对西部，我们怎么办？"为主题的中国农业人才论坛上，作为嘉宾激励在座的同学说："西部需要你们，你们也需要西部！"在同学们热烈的掌声中，这位70多岁的长者，以自己的切身经历，告诫大家一定要树立到艰苦地区锻炼自己的意识。他说："1950年，我21岁，从上海交大机械系毕业。在上海找工作，一点问题也没有。但我主动去东北，在齐齐哈尔铁路局工作5年，任火车司机、技术员、工程员，那时的东北，比现在的西部还要荒凉。这一段时间，我知识上长进，经验上长进，毅力上也长进，一生受用！"

⭐ 结合经济学家的人生经历和体验，谈谈对我们新时代中国青年成长成才的启示。

3. 结合自己实际，收集成功人士事例，写一篇关于实现个性自由和全面发展的短文。

本书配套的MOOC资源获取与使用说明

本书配套在线开放课程（MOOC）"魅力德育"，可通过计算机或手机APP进行视频学习、测验考试、互动讨论。

● 计算机学习方法：访问地址http://www.icourses.cn/vemooc，或百度搜索"爱课程"，进入"爱课程"网"中国职教MOOC"频道，在搜索栏内搜索课程"魅力德育"。

● 手机APP学习方法：扫描下方二维码或在手机应用商店中搜索"中国大学MOOC"，安装APP后，搜索课程"魅力德育"。

扫码下载APP

魅力德育（http://www.icourse163.org/course/HEPSVE-1002150004）

郑重声明

高等教育出版社依法对本书享有专有出版权。任何未经许可的复制、销售行为均违反《中华人民共和国著作权法》，其行为人将承担相应的民事责任和行政责任；构成犯罪的，将被依法追究刑事责任。为了维护市场秩序，保护读者的合法权益，避免读者误用盗版书造成不良后果，我社将配合行政执法部门和司法机关对违法犯罪的单位和个人进行严厉打击。社会各界人士如发现上述侵权行为，希望及时举报，本社将奖励举报有功人员。

反盗版举报电话　　（010）58581999　58582371　58582488

反盗版举报传真　　（010）82086060

反盗版举报邮箱　　dd@hep.com.cn

通信地址　　北京市西城区德外大街4号
　　　　　　高等教育出版社法律事务与版权管理部

邮政编码　　100120

为收集对教材的意见建议，进一步完善教材编写和做好服务工作，读者可将对本教材的意见建议通过如下渠道反馈至我社。

咨询电话　　400-810-0598

读者服务邮箱　　gjdzfwb@pub.hep.cn

通信地址　　北京市朝阳区惠新东街4号富盛大厦1座
　　　　　　高等教育出版社总编辑办公室

邮政编码　　100029

防伪查询说明

用户购书后刮开封底防伪涂层，利用手机微信等软件扫描二维码，会跳转至防伪查询网页，获得所购图书详细信息。用户也可将防伪二维码下的20位密码按从左到右、从上到下的顺序发送短信至106695881280，免费查询所购图书真伪。

反盗版短信举报

编辑短信"JB，图书名称，出版社，购买地点"发送至10669588128

防伪客服电话

（010）58582300

网络增值服务使用说明

一、注册/登录

访问http://abook.hep.com.cn/，点击"注册"，在注册页面输入用户名、密码及常用的邮箱进行注册。已注册的用户直接输入用户名和密码登录即可进入"我的课程"页面。

二、课程绑定

点击"我的课程"页面右上方"绑定课程"，正确输入教材封底防伪标签上的20位密码，点击"确定"完成课程绑定。

三、访问课程

在"正在学习"列表中选择已绑定的课程，点击"进入课程"即可浏览或下载与本书配套的课程资源。刚绑定的课程请在"申请学习"列表中选择相应课程并点击"进入课程"。

如有账号问题，请发邮件至：abook@hep.com.cn。